Adobe Dreamweaver CC
网页设计与制作案例教程

于瑞玲　编著

清华大学出版社
北　京

内 容 简 介

本书由浅入深、循序渐进地介绍了 Dreamweaver CC 的使用方法和操作技巧。书中每章都围绕综合实例来介绍，便于提高和拓宽读者对 Dreamweaver 软件基本功能的掌握与应用。

本书按照网页设计工作的实际需求组织内容，划分为 7 个章节，分别包括教育培训类网页设计、艺术爱好类网页设计、生活服务类网页设计、电脑网络类网页设计、旅游交通类网页设计、娱乐休闲类网页设计、商业经济类网页设计，使读者在学习过程中进行融会贯通。

本书特点一是内容实用，精选常用、实用、有用的案例技术进行讲解，不仅有代表性，而且覆盖当前的各种典型应用，读者学到的不仅仅是软件的用法，更重要的是用软件完成实际项目的方法、技巧和流程，同时也能从中获取网页编辑理论。本书特点二是轻松易学，步骤讲解非常清晰，图文并茂，一看就懂。

本书内容翔实，结构清晰，语言流畅，实例分析透彻，操作步骤简洁实用，既适合广大初学 Dreamweaver 的用户使用，也可作为各类高等院校相关专业的教材。

本书封面贴有清华大学出版社防伪标签，无标签者不得销售。
版权所有，侵权必究。举报：010-62782989，beiqinquan@tup.tsinghua.edu.cn。

图书在版编目(CIP)数据

Adobe Dreamweaver CC 网页设计与制作案例教程/于瑞玲编著. --北京：清华大学出版社，2020.6
（2023.1重印）
ISBN 978-7-302-55531-5

Ⅰ.①A… Ⅱ.①于… Ⅲ.①网页制作工具—教材 Ⅳ.①TP393.092.2

中国版本图书馆CIP数据核字(2020)第085818号

责任编辑：韩宜波
装帧设计：杨玉兰
责任校对：李玉茹
责任印制：宋　林

出版发行：清华大学出版社
　　网　　址：http://www.tup.com.cn, http://www.wqbook.com
　　地　　址：北京清华大学学研大厦A座　　**邮　编**：100084
　　社 总 机：010-83470000　　**邮　购**：010-62786544
　　投稿与读者服务：010-62776969, c-service@tup.tsinghua.edu.cn
　　质量反馈：010-62772015, zhiliang@tup.tsinghua.edu.cn
　　课件下载：http://www.tup.com.cn, 010-62791865
印 装 者：涿州汇美亿浓印刷有限公司
经　　销：全国新华书店
开　　本：185mm×260mm　　**印　张**：17.25　　**字　数**：460 千字
版　　次：2020 年 7 月第 1 版　　**印　次**：2023 年 1 月第 3 次印刷
定　　价：79.80 元

产品编号：084426-01

前 言 PREFACE

随着网站技术的进一步发展,各个部门对网站开发技术的要求也日益提高。纵观人才市场,各企事业单位对网站开发工作人员的需求也大大增加。网站建设是一项综合性的技能,对很多计算机技术都有着较高的要求,而 Dreamweaver 是集创建网站和管理网站于一身的专业性网页编辑工具,因其界面友好、人性化和易于操作而被很多网页设计者所欣赏。

1. 本书内容

全书共分为 7 章,按照网页设计工作的实际需求组织内容,基础知识以实用、够用为原则。其中包括教育培训类网站设计——文本网页的创建与编辑、艺术爱好类网站设计——表格化网页布局、生活服务类网站设计——使用图像与多媒体美化网页、电脑网络类网页设计——链接的创建、旅游交通类网站设计——使用 CSS 样式修饰页面、娱乐休闲类网页设计——使用行为制作特效网页、商业经济类网页设计——使用表单创建交互网页等内容。

2. 本书特色

本书面向 Dreamweaver 的初、中级用户,采用由浅入深、循序渐进的讲解方法,内容丰富。

◎ 本书案例丰富,每章都有不同类型的案例,适合上机操作教学。
◎ 每个案例都是编写者精心挑选,可以引导读者发挥想象力,调动学习的积极性。
◎ 案例实用,技术含量高,与实践紧密结合。
◎ 配套资源丰富,方便教学。

3. 海量的电子学习资源和素材

本书附带大量的学习资料和视频教程,下面截图给出部分概览。

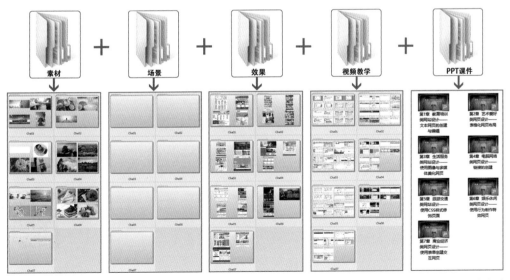

本书附带所有的素材文件、场景文件、效果文件、多媒体有声视频教学录像,读者在读完本书内容以后,可以调用这些资源进行深入学习。

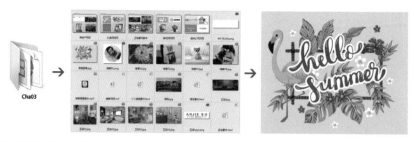

本书视频教学贴近实际,几乎手把手教学。

4. 本书约定

为便于阅读理解,本书的写作风格遵从如下约定:

● 本书中出现的中文菜单和命令将用(【】)括起来,以示区分。此外,为了使语句更简洁易懂,本书中所有的菜单和命令之间以竖线(|)分隔,例如,单击【编辑】菜单,再选择【移动】命令,就用【编辑】|【移动】来表示。

● 使用加号(+)连接的两个或 3 个键表示快捷组合键,在操作时表示同时按下这两个或 3 个键。 例如,Ctrl+V 是指在按下 Ctrl 键的同时,按下 V 字母键;Ctrl+Alt+F10 是指在按下 Ctrl 和 Alt 键的同时,按下功能键 F10。

● 在没有特殊指定时,单击、双击和拖动是指用鼠标左键单击、双击和拖动,右击是指用鼠标右键单击。

5. 读者对象

(1) Dreamweaver 初学者。

(2) 大中专院校和社会培训班平面设计及其相关专业的教材。

(3) 平面设计从业人员。

6. 致谢

本书由德州学院的于瑞玲老师编著,其他参与编写的人员还有朱晓文、刘蒙蒙、李少勇、陈月娟、魏兆禄、张英超等。

本书的出版可以说凝结了许多优秀教师的心血,在这里衷心感谢对本书出版过程给予帮助的编辑老师、视频测试老师,感谢你们!

本书提供了案例的素材、场景、效果、PPT 课件以及视频教学,扫一扫右侧的二维码,推送到自己的邮箱后下载获取。

由于作者水平有限,疏漏在所难免,希望广大读者批评指正。

编　者

目 录 CONTENTS

第1章 教育培训类网页设计——文本网页的创建与编辑 …… 1

视频讲解：6个

1.1 制作月亮宝贝网页（一）——打开文本网页 …………………………………… 2
    1.1.1 新建网页文档 ………………… 3
    1.1.2 保存网页文档 ………………… 3
    1.1.3 打开网页文档 ………………… 4
    1.1.4 关闭网页文件 ………………… 5
1.2 制作月亮宝贝网页（二）——页面属性设置 …………………………………… 5
    1.2.1 外观 …………………………… 6
    1.2.2 链接 …………………………… 6
    1.2.3 标题 …………………………… 7
    1.2.4 标题/编码 …………………… 7
    1.2.5 跟踪图像 ……………………… 7
1.3 制作月亮宝贝网页（三）——编辑设置文本属性 ……………………………… 7
    1.3.1 插入文本和文本属性设置 …… 11
    1.3.2 在文本中插入特殊字符 ……… 14
    1.3.3 使用水平线 …………………… 15
    1.3.4 插入日期 ……………………… 16
1.4 制作新起点图书馆网页——格式化文本 ……………………………………… 17
    1.4.1 设置字体样式 ………………… 18
    1.4.2 编辑段落 ……………………… 19

1.5 制作小学网站网页设计——项目列表 ………………………………………… 20
    1.5.1 认识列表 ……………………… 20
    1.5.2 创建项目列表和编号列表 …… 21
    1.5.3 创建嵌套项目 ………………… 22
    1.5.4 项目列表设置 ………………… 23
1.6 上机练习——制作兴德教师招聘网网页 ……………………………………… 23

1.7 思考与练习 ………………………………… 31

第2章 艺术爱好类网页设计——表格化网页布局 ………… 32

视频讲解：4个

2.1 制作觅图网页——在单元格中添加内容 ………………………………………… 33
    2.1.1 插入表格 ……………………… 39
    2.1.2 向表格中输入文本 …………… 40
    2.1.3 嵌套表格 ……………………… 41
    2.1.4 在单元格中插入图像 ………… 41
2.2 制作工艺品网页——表格的基本操作 42

	2.2.1	设置表格属性 ················	46
	2.2.2	选定整个表格 ················	47
	2.2.3	剪切、粘贴表格 ··············	48
	2.2.4	选择表格行、列 ··············	49
	2.2.5	添加行或列 ··················	49
	2.2.6	删除行或列 ··················	50
	2.2.7	选择一个单元格 ··············	51
	2.2.8	合并单元格 ··················	51
	2.2.9	拆分单元格 ··················	52

2.3　制作婚纱摄影网页——调整表格大小　53
　　　2.3.1　调整整个表格大小 ··············· 59
　　　2.3.2　调整行高或列宽 ················· 59
　　　2.3.3　表格排序 ······················· 60
2.4　上机练习——家居网站设计 ··········· 62

2.5　思考与练习 ····························· 66

第3章　生活服务类网页设计——使用图像与多媒体美化网页 ···67

视频讲解：5个

3.1　制作鲜花网网页——在网页中

　　　添加图像 ························· 68
　　　3.1.1　网页图像格式 ················· 72
　　　3.1.2　插入网页图像 ················· 73
3.2　制作房地产网页——编辑和更新
　　　网页图像 ························· 74
　　　3.2.1　设置图像大小 ················· 83
　　　3.2.2　使用Photoshop更新
　　　　　　网页图像 ····················· 84
　　　3.2.3　优化图像 ····················· 85
　　　3.2.4　裁剪图像 ····················· 86
　　　3.2.5　调整图像的亮度和对比度 ······· 87
　　　3.2.6　锐化图像 ····················· 88
3.3　制作礼品网网页——应用图像 ········· 89
　　　3.3.1　鼠标经过图像 ················· 92
　　　3.3.2　背景图像 ····················· 93
3.4　制作装饰公司网页（一）
　　　——插入多媒体 ··················· 94
　　　3.4.1　插入Flash SWF动画 ············ 97
　　　3.4.2　插入声音 ····················· 98
3.5　上机练习——装饰公司网页（二）　100

3.6　思考与练习 ···························· 105

第4章　电脑网络类网页设计——链接的创建 ···············106

视频讲解：3个

4.1	制作IT信息网页——创建简单链接	107
	4.1.1 使用【属性】面板创建链接	111
	4.1.2 使用【指向文件】图标创建链接	112
	4.1.3 使用快捷菜单创建链接	112
4.2	制作大众信息站网页——创建其他链接	112
	4.2.1 创建锚记链接	122
	4.2.2 创建E-mail链接	123
	4.2.3 创建下载链接	124
	4.2.4 创建空链接	125
	4.2.5 创建热点链接	126
4.3	上机练习——制作绿色软件网页	127
4.4	思考与练习	132

第5章 旅游交通类网页设计——使用CSS样式修饰页面 …… 133

视频讲解：5个

5.1	制作天气预报网页——初识CSS	134
	5.1.1 CSS基础	136
	5.1.2 【CSS 设计器】面板	136
5.2	制作旅游网站（一）——定义CSS样式的属性	137
	5.2.1 创建CSS样式	139
	5.2.2 类型属性	140
	5.2.3 背景样式的定义	142
	5.2.4 区块样式的定义	143
	5.2.5 方框样式的定义	144
	5.2.6 边框样式的定义	146
	5.2.7 列表样式的定义	146
	5.2.8 定位样式的定义	147
	5.2.9 扩展样式的定义	148
	5.2.10 创建嵌入式CSS样式	149
	5.2.11 链接外部样式表	150
5.3	制作旅游网站（二）——编辑CSS样式	151
	5.3.1 修改CSS样式	158
	5.3.2 删除CSS样式	159
	5.3.3 复制CSS样式	159
5.4	制作旅游网站（三）——使用CSS过滤器	160
	5.4.1 Alpha滤镜	166
	5.4.2 Blur滤镜	167
	5.4.3 FlipH滤镜	168
	5.4.4 Glow滤镜	169
	5.4.5 Gray滤镜	170
	5.4.6 Invert滤镜	172
	5.4.7 Shadow滤镜	173
	5.4.8 Wave滤镜	174
	5.4.9 Xray滤镜	175

5.5 上机练习——制作路畅网网页 …… 176

5.6 思考与练习 …………………… 193

第6章 娱乐休闲类网页设计——使用行为制作特效网页 …… 194

视频讲解：3个

6.1 制作游戏网页——行为的概念 …… 195
  6.1.1 【行为】面板 ………………… 201
  6.1.2 在【行为】面板中添加行为 …………………… 201

6.2 制作篮球网页——内置行为 …… 202
  6.2.1 交换图像 ……………………… 212
  6.2.2 弹出信息 ……………………… 213
  6.2.3 恢复交换图像 ………………… 214
  6.2.4 打开浏览器窗口 ……………… 215
  6.2.5 拖动AP元素 ………………… 216
  6.2.6 改变属性 ……………………… 217
  6.2.7 效果 …………………………… 218
  6.2.8 显示-隐藏元素 ……………… 218
  6.2.9 检查插件 ……………………… 219
  6.2.10 设置文本 …………………… 220

  6.2.11 跳转菜单 …………………… 222
  6.2.12 转到URL …………………… 223

6.3 上机练习——民谣音乐网页 …… 224

6.4 思考与练习 …………………… 231

第7章 商业经济类网页设计——使用表单创建交互网页 …… 232

视频讲解：3个

7.1 制作宏达物流网页——表单对象的创建 …………………… 233
  7.1.1 创建表单域 …………………… 239
  7.1.2 插入文本域 …………………… 240
  7.1.3 多行文本域 …………………… 242
  7.1.4 复选框 ………………………… 243
  7.1.5 单选按钮 ……………………… 244
  7.1.6 列表/菜单 …………………… 245

7.2 制作优选易购网页——使用按钮激活表单 …………………… 247
  7.2.1 插入按钮 ……………………… 254
  7.2.2 图像按钮 ……………………… 255

7.3 上机练习——制作美食网页 …… 257

7.4 思考与练习 …………………… 262

附录1　Dreamweaver CC 常用快捷键 … 263

附录2　参考答案 …………………… 265

第 1 章　教育培训类网页设计——文本网页的创建与编辑

本章将介绍创建简单文本网页的基本操作，例如新建网页文档，设置页面属性、文本属性和格式化文本等。

基础知识
- 新建、保存、打开、关闭文档
- 页面属性设置

重点知识
- 编辑文本和设置文本属性
- 格式化文本

提高知识
- 设置段落格式
- 创建项目列表和编号列表

文本是网页中最基本的元素，也是最直接的获取信息的方式。一般网站都比较侧重于文字的表现，在制作文本网页时，文字的排版、色彩都需要考虑在内，一个好的文本网页需要让人一目了然，并且需要文字排版整洁、风格统一、颜色搭配合理，这样才能抓住浏览者的眼球。

1.1 制作月亮宝贝网页(一)——打开文本网页

月亮宝贝网站是一个关于亲子教育的网站。本节主要讲解如何打开文本网页,如图1-1所示。

图1-1 月亮宝贝网页(一)

素材	素材\Cha01\"月亮宝贝网(一)"文件夹
场景	场景\Cha01\制作月亮宝贝网页(一)——打开文本网页.html
视频	视频教学\Cha01\1.1 制作月亮宝贝网页(一)——打开文本网页.mp4

01 按Ctrl+O组合键,选择"月亮宝贝网页(一).html"素材文件,单击【打开】按钮,如图1-2所示。

图1-2 选择素材文件

02 打开文件后的效果如图1-3所示。

03 在菜单栏中选择【文件】|【另存为】命令,如图1-4所示。

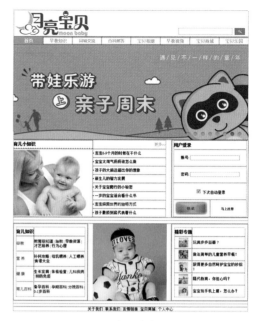

图1-3 打开素材文件

图1-4 选择【另存为】命令

04 弹出【另存为】对话框,设置保存路径后,单击【保存】按钮,如图1-5所示。

> **疑难解答**
> 保存文件时,如何处理弹出的Dreamweaver提示对话框?
> 在弹出的Dreamweaver提示对话框中,单击【是】按钮,可以自动链接素材文件的位置,如图1-6所示。

第 1 章 教育培训类网页设计——文本网页的创建与编辑

建文档】选项卡，在【页面类型】下拉列表框中选择 HTML 选项，在【布局】下拉列表框中选择【无】选项，如图 1-8 所示。

图 1-5　设置保存路径及名称

图 1-8　【新建文档】对话框

图 1-6　Dreamweaver 对话框

03 单击【创建】按钮，即可新建一个空白的 HTML 网页文档，如图 1-9 所示。

图 1-9　新建的 HTML 文档

1.1.1　新建网页文档

新建网页文档，是正式学习网页制作的第一步，也是网页制作的基本条件。下面介绍新建网页文档的基本操作方法。

01 在菜单栏中选择【文件】|【新建】命令，如图 1-7 所示。

1.1.2　保存网页文档

下面来介绍保存网页文档的方法，具体操作步骤如下。

01 在菜单栏中选择【文件】|【保存】命令，如图 1-10 所示。

02 弹出【另存为】对话框，为网页文档选择存储的位置，输入文件名，并选择保存类型，如图 1-11 所示。

03 单击【保存】按钮，即可将网页文档保存。

图 1-7　选择【新建】命令

02 弹出【新建文档】对话框，选择【新

图 1-10　选择【保存】命令

图 1-12　选择【打开】命令

图 1-11　【另存为】对话框

图 1-13　选择文件

● 提　示

　　保存网页时，用户可以在【保存类型】下拉列表中根据制作网页的要求选择不同文件类型，文件的类型主要是用文件后面的后缀名称进行区别。设置文件名的时候，不要使用特殊符号，尽量不要使用中文名称。

1.1.3　打开网页文档

下面介绍如何打开网页文档。

01 在菜单栏中选择【文件】|【打开】命令，如图 1-12 所示。

02 在弹出的【打开】对话框中选择"个人简历.html"素材文件，如图 1-13 所示。

03 单击【打开】按钮，即可在 Dreamweaver 中打开网页文件，如图 1-14 所示。

图 1-14　打开文件

1.1.4 关闭网页文件

下面介绍关闭网页文件的方法，具体的操作步骤如下。

01 在菜单栏中选择【文件】|【退出】命令，如图 1-15 所示，即可将文件关闭。

图 1-15　选择【退出】命令

02 如果对打开的网页文件进行了操作，则在关闭该文件时，会弹出如图 1-16 所示的提示对话框，提示是否保存该文档。

图 1-16　提示对话框

1.2 制作月亮宝贝网页（二）——页面属性设置

网页设计作为一种视觉语言，特别讲究编排和布局，虽然主页的设计不等同于平面设计，但它们有许多相近之处。本例通过【页面属性】对话框来讲解如何更改月亮宝贝网页的背景颜色，效果如图 1-17 所示。

图 1-17　月亮宝贝网页（二）

素材	素材\Cha01\"月亮宝贝网（二）"文件夹
场景	场景\Cha01\制作月亮宝贝网页（二）——页面属性设置.html
视频	视频教学\Cha01\1.2　制作月亮宝贝网页（二）——页面属性设置.mp4

01 打开"月亮宝贝网页（二）.html"素材文件，如图 1-18 所示。

图 1-18　打开素材文件

02 在【属性】面板中选中 CSS 选项，单击【页面属性】按钮，如图 1-19 所示。

图 1-19　单击【页面属性】按钮

> **提　示**
> 按 Ctrl+F3 组合键，可打开【属性】面板。

03 弹出【页面属性】对话框，将【分类】设置为【外观（HTML）】，将【背景】设置为 #FFFFFF，单击【确定】按钮，如图 1-20 所示。

图1-20　设置背景颜色

04 即可更改素材文件的背景颜色，效果如图1-21所示。

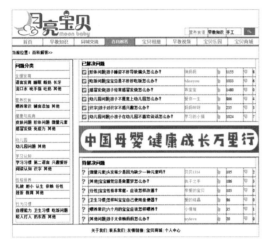

图1-21　更改背景颜色后的效果

1.2.1　外观

在【页面属性】对话框的左侧【分类】列表框中选择【外观（CSS）】选项，切换到【外观（CSS）】设置区域。

- 【页面字体】：用来设置网页中文本的字体样式。
- 【大小】：用来设置网页中文字的大小。
- 【文本颜色】：用来设置网页中文本的颜色。单击【文本颜色】右侧的□按钮，可在打开的拾色器中选择颜色。
- 【背景颜色】：用来设置页面中使用的背景颜色。单击【背景颜色】右侧的□按钮，可在打开的拾色器中选择颜色。
- 【背景图像】：设置页面的背景图像。单击右侧的【浏览】按钮，可在弹出的【选择图像源文件】对话框中选择需要的背景图像。
- 【重复】：设置背景图像在页面上的显示方式。
    - no-repeat（非重复）：选择该选项，仅显示背景图像一次。
    - repeat（重复）：选择该选项，可横向和纵向重复或平铺图像。
    - repeat-x（横向重复）：选择该选项后，可横向平铺图像。
    - repeat-y（纵向重复）：选择该选项后，可纵向平铺图像。
- 页边距:【左边距】、【右边距】、【上边距】和【下边距】文本框可以用来调整网页内容和浏览器边框之间的空白区域，默认的上、下、左、右的边距为10像素。

> **提 示**
> HTML外观设置与CSS外观设置基本相同，在此不再赘述。

1.2.2　链接

在【页面属性】对话框左侧的【分类】列表框中选择【链接（CSS）】选项，切换到【链接（CSS）】设置区域，如图1-22所示。

图1-22　链接（CSS）

- 【链接字体】：用来设置链接文本使用的字体样式。
- 【大小】：用来设置链接文本使用的字体大小。
- 【链接颜色】：用来设置应用于链接文

本的颜色。
- 【变换图像链接】：用来设置当鼠标指针位于链接上时应用的颜色。
- 【已访问链接】：用来设置应用于访问过的链接的颜色。
- 【活动链接】：用来设置单击链接时显示的颜色。
- 【下划线样式】：用来设置是否在链接上增加下划线。

1.2.3 标题

在【页面属性】对话框左侧的【分类】列表中选择【标题（CSS）】选项，切换到【标题（CSS）】设置区域，在这里我们可以为标题（这里指用<h1>等定义的标题文本）定义更细致的格式，如图1-23所示。

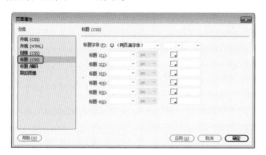

图1-23　【标题（CSS）】设置区域

1.2.4 标题/编码

在【页面属性】对话框左侧的【分类】列表框中选择【标题/编码】选项，切换到【标题/编码】设置区域，在其中可以设置网页的字符编码，如图1-24所示。

图1-24　【标题/编码】设置区域

1.2.5 跟踪图像

在【页面属性】对话框左侧的【分类】列表框中选择【跟踪图像】选项，切换到【跟踪图像】设置区域，如图1-25所示。在此可以为当前制作的网页添加跟踪图像。

在【跟踪图像】文本框中输入跟踪图像的路径，跟踪图像就会出现在编辑窗口中。也可以单击右侧的【浏览】按钮，在弹出的【选择图像源文件】对话框中进行选择；通过拖动【透明度】滑块可调节跟踪图像的透明度。

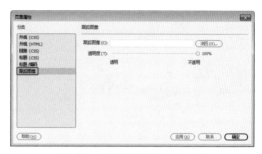

图1-25　【跟踪图像】设置区域

1.3 制作月亮宝贝网页（三）——编辑、设置文本属性

在互联网高速发展的今天，网络已成为人们生活的一部分，成为人们获取信息资源的重要途径。信息的呈现离不开网页这个重要的界面，网页的主要作用是将用户需要的信息与资源采用一定的手段进行组织，通过网络呈现给用户。本例将介绍如何制作月亮宝贝网页，效果如图1-26所示。

素材	素材\Cha01\"月亮宝贝网（三）"文件夹
场景	场景\Cha01\制作月亮宝贝网页（三）——编辑文本和设置文本属性.html
视频	视频教学\Cha01\1.3　制作月亮宝贝网页（三）——编辑文本和设置文本属性.mp4

图1-26　月亮宝贝网页（三）

01 在"制作月亮宝贝网页（二）——页面属性设置"场景文件中，选择菜单栏中的【文件】|【另存为】命令，弹出【另存为】对话框，选择场景文件的保存位置，并输入文件名为"制作月亮宝贝网页（三）——编辑文本和设置文本属性"，单击【保存】按钮，如图1-27所示。

图1-27　另存为文件

02 在新保存的场景文件中将不需要的表格删除，效果如图1-28所示。

图1-28　删除表格后的效果

03 将光标置入大表格第二行的第四个单元格中，在【属性】面板中取消背景颜色的填充，然后将文字样式更改为.A4，效果如图1-29所示。

图1-29　调整第四个单元格

疑难解答　如何更改文字样式？

选中【百科解答】文本，单击【目标规则】右侧的按钮，选择【<删除类>】选项，然后将【目标规则】设置为A4，即可改变文字样式。

04 将光标置入大表格第二行的第五个单元格中，在【属性】面板中将【背景颜色】设置为#44BFE8，然后将文字样式更改为.A3，效果如图1-30所示。

图1-30　调整第五个单元格

05 将大表格第三行中的文字删除，并插入"图片.jpg"素材文件，效果如图1-31所示。

图1-31　插入素材图片

06 将光标置入大表格的右侧，按 Ctrl+Alt+T 组合键，弹出 Table 对话框，将【行数】和【列】设置为 1，将【表格宽度】设置为 800 像素，将【边框粗细】、【单元格边距】、【单元格间距】均设置为 0，单击【确定】按钮，如图 1-32 所示。

图 1-32　Table 对话框

07 即可插入表格，在【属性】面板中将 Align 设置为【居中对齐】，如图 1-33 所示。

图 1-33　设置表格对齐方式

08 将光标置入新插入的表格中，为其应用样式 ge2，然后在【属性】面板中将【高】设置为 30，并在表格中输入文字，为输入的文字应用样式 .A5，效果如图 1-34 所示。

图 1-34　设置单元格并输入文字

09 将光标置入新插入表格的右侧，然后按 Ctrl+Alt+T 组合键，弹出 Table 对话框，将【行数】设置为 1，将【列】设置为 4，将【表格宽度】设置为 804 像素，将【边框粗细】和【单元格边距】设置为 0，将【单元格间距】设置为 8，单击【确定】按钮，即可插入表格。并在【属性】面板中将 Align 设置为【居中对齐】，如图 1-35 所示。

图 1-35　插入表格

10 将光标置入新插入表格的第一个单元格中，为其应用样式 ge3，然后在【属性】面板中将【垂直】设置为【顶端】，将【宽】设置为 190，效果如图 1-36 所示。

图 1-36　设置单元格属性

11 按 Ctrl+Alt+T 组合键，弹出 Table 对话框，将【行数】设置为 4，将【列】设置为 1，将【表格宽度】设置为 190 像素，将【边框粗细】设置为 0，将【单元格边距】设置为 8，将【单元格间距】设置为 0，单击【确定】按钮，即可插入表格，如图 1-37 所示。

12 在新插入的表格中输入文字，并为输入的文字应用样式 .A2，效果如图 1-38 所示。

图1-37 插入表格

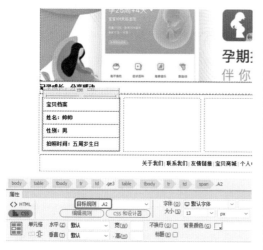

图1-38 输入文字并应用样式

13 将光标置入大表格的第二个单元格中,并插入"001.jpg"素材文件,效果如图1-39所示。

图1-39 插入素材图片

14 使用同样的方法,在其他单元格中插入素材图片,效果如图1-40所示。

15 将光标置入大表格的右侧,然后按Ctrl+Alt+T组合键,弹出Table对话框,将【行数】和【列】设置为1,将【表格宽度】设置为800像素,将【边框粗细】、【单元格边距】和【单元格间距】均设置为0,单击【确定】按钮,即可插入表格。并在【属性】面板中将Align设置为【居中对齐】,如图1-41所示。

图1-40 在其他单元格中插入素材图片

图1-41 插入表格

16 将光标置入新插入的表格中,在菜单栏中选择【插入】|HTML|【水平线】命令,即可在单元格中插入水平线,在【属性】面板中将【高】设置为1,并单击【拆分】按钮,在视图中输入代码,用于更改水平线颜色,如图1-42所示。

图1-42 插入水平线

> **知识链接:水平线属性的各项参数**

【宽】:在此文本框中输入水平线的宽度值,默认单位为像素,也可设置为百分比。

【高】:在此文本框中输入水平线的高度值,单位只能是像素。

【对齐】:用于设置水平线的对齐方式,有【默认】、【左对齐】、【居中对齐】和【右对齐】4种方式。

【阴影】：勾选该复选框，水平线将产生阴影效果。

Class：在其列表中可以添加样式，或应用已有的样式到水平线。

> **提示**
> 水平线对于组织信息很有用。在页面上，可以使用一条或多条水平线以可视方式分隔文本和对象。

17 单击【设计】按钮，切换到【设计】视图，结合前面介绍的方法，制作其他内容，效果如图1-43所示。

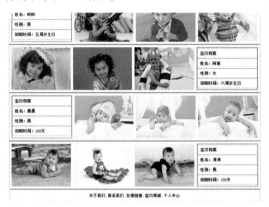

图1-43　制作其他内容

18 将光标置入如图1-44所示的单元格中，在【属性】面板中删除该单元格的高度值。

图1-44　设置单元格

> **提示**
> 在访问一个网站时，首先看到的网页一般称为该网站的首页。有些网站的首页具有欢迎访问者的作用。首页只是网站的开场页，单击页面上的文字或图片，即可打开网站的主页，而首页也随之关闭。
> 网站主页与首页的区别在于：主页设有网站的导航栏，是所有网页的链接中心。但多数网站的首页与主页通常合为一体，即省略了首页而直接显示主页，这种情况下，它们指的是同一个页面。本例就是将网站的首页与主页合为一体。

1.3.1　插入文本和文本属性设置

插入和编辑文本是网页制作的重要步骤，也是网页制作的重要组成部分。在Dreamweaver CC中，插入网页文本比较简单，可以直接输入，也可以将其他电子文本中的文本复制到其中。本节将具体介绍网页文本输入和编辑的制作方法。

01 启动Dreamweaver CC软件，打开"blog.html"素材文件，如图1-45所示。

图1-45　打开素材文件

02 将光标插入到网页文档标题的下面，输入【名作欣赏】文本，如图1-46所示。

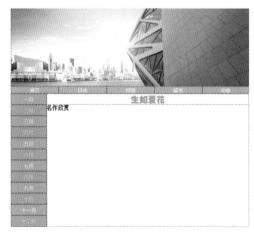

图1-46　输入文本

03 选中刚刚输入的文本，在【属性】面板的【字体】下拉列表中选择【汉仪书魂体简】，如图1-47所示。

图1-47 更改字体

04 右击文本，在弹出的快捷菜单中选择【CSS 样式】|【新建】命令，弹出【新建CSS 规则】对话框，在【选择器类型】下拉列表中选择【类（可应用于任何 HTML 元素）】选项，在【选择器名称】文本框中输入 f_style04，单击【确定】按钮，如图1-48 所示。

图1-48 新建CSS规则

05 在【属性】面板中将字体【大小】设置为 18px，【字体颜色】设置为 #603，如图1-49 所示。

图1-49 设置字体参数

06 将光标插入【名作欣赏】文本的下面，先添加空格。操作方法为在文本【插入】面板中单击【不换行空格】按钮，如图1-50 所示。

图1-50 添加空格

07 单击【不换行空格】按钮一次即添加一个空格，如果要添加多个空格可连续单击，然后在空格的后面输入文本，如图1-51 所示。

图1-51 输入文本

08 选择除第 1 行文本之外的文本，如图 1-52 所示。

图1-52 选择文本

09 单击【属性】面板上的【居中对齐】按钮，如图 1-53 所示。

图1-53 居中对齐

10 弹出【新建 CSS 规则】对话框，在【选择器类型】下拉列表中选择【类（可应用于任何 HTML 元素）】选项，在【选择器名称】文本框中输入 f_style05，单击【确定】按钮，如图 1-54 所示。

11 网页文档中文本的效果如图 1-55 所示。

第 ① 章 教育培训类网页设计——文本网页的创建与编辑

图1-54 新建CSS规则

图1-57 设置文本颜色

图1-55 文本效果

12 选择全部正文文本，如图1-56所示。

图1-56 选择文本

13 在【属性】面板【目标规则】下拉列表中选择f_style05，再修改文本颜色为#600，如图1-57所示。

14 设置完成后，文本效果如图1-58所示。

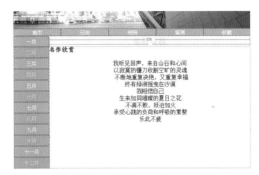

图1-58 设置文本颜色

15 在正文的第一行文本前存在空格，在浏览器中浏览时第一行文本不会居中对齐，所以要将其前边的空格删除，如图1-59所示。

图1-59 删除空格

16 将网页进行保存，按F12键在浏览器中浏览，如图1-60所示。

图1-60 浏览网页

在 Dreamweaver CC 中，输入文本和编辑文本的方法与 Word 办公文档的操作方法相近，是比较容易掌握的。在实际的网页设计中，对于文本效果的处理更多的是使用 CSS 样式。本着由浅入深的原则，这部分内容留在后面讲解。

1.3.2 在文本中插入特殊字符

在浏览网页时，经常会看到一些特殊的字符，如◎、€、◇等。这些特殊字符在 HTML 中以名称或数字的形式表示，称为实体。HTML 包含版权符号（©）、"与"符号（&）、注册商标符号（®）等。Dreamweaver 本身拥有字符的实体名称。每个实体都有一个名称（如 —）和一个数字等效值（如 —）。下面将对 Dreamweaver CC 中的特殊字符进行介绍。

01 启动 Dreamweaver CC 软件，打开"blog-2.html"素材文件，如图 1-61 所示。

图 1-61　打开素材文件

02 将光标放置在背景图像上，打开文本【插入】面板，单击【字符】按钮，在弹出的下拉菜单中可看到 Dreamweaver 中的特殊符号，如图 1-62 所示。

03 单击其中任意一个，即可插入相应的符号。图 1-63 所示为依次插入的几个特殊符号。

图 1-62　特殊符号列表

图 1-63　【插入特殊符号】对话框

04 如果要使用 Dreamweaver 中的其他字符，可以在弹出的下拉菜单中选择【其他字符】命令，打开【插入其他字符】对话框，如图 1-64 所示。

图 1-64　【插入其他字符】对话框

05 在【插入其他字符】对话框中单击想要插入的字符，然后单击【确定】按钮，即可在网页文档中插入相应的字符。图 1-65 所示为在网页文档中随意插入的一些特殊字符。

图1-65　插入其他字符

1.3.3　使用水平线

水平线用于分隔网页文档的内容。合理使用水平线可以取得非常好的效果。在一篇复杂的文档中插入几条水平线，就会变得层次分明，便于阅读。

01　启动Dreamweaver CC软件，打开"素材\Cha01\line.html"素材文件，如图1-66所示。

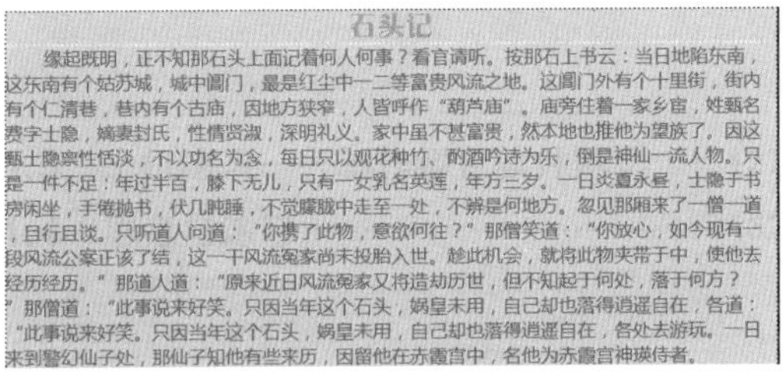

图1-66　素材文件

02　将光标放置在要插入水平线的位置，打开【插入】面板，在其中单击【水平线】按钮，如图1-67所示。

图1-67　单击【水平线】按钮

03　插入水平线后，选中水平线，在【属性】面板中设置水平线的属性，如图1-68所示。

图1-68　设置水平线的属性

04　设置完成后，水平线的效果如图1-69所示。

图1-69　水平线效果

水平线属性的各选项参数如下。

- 【宽】：在此文本框中输入水平线的宽度值，默认单位为像素，也可设置为百分比。
- 【高】：在此文本框中输入水平线的高度值，单位只能是像素。
- 【对齐】：用于设置水平线的对齐方式，有【默认】、【左对齐】、【居中对齐】和【右对齐】4种方式。
- 【阴影】：勾选该复选框，水平线将产生阴影效果。
- 【类】：在其下拉列表中可以添加样式，或将已有的样式应用到水平线。

05　如果要为水平线设置高度，可以选择水平线，在【属性】面板中设置水平线的高度为1像素，如图1-70所示。

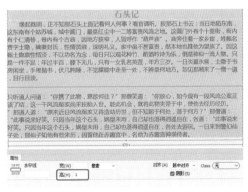

图1-70　设置属性

06 单击【拆分】按钮，使用命令更改水平线的颜色，如图 1-71 所示。

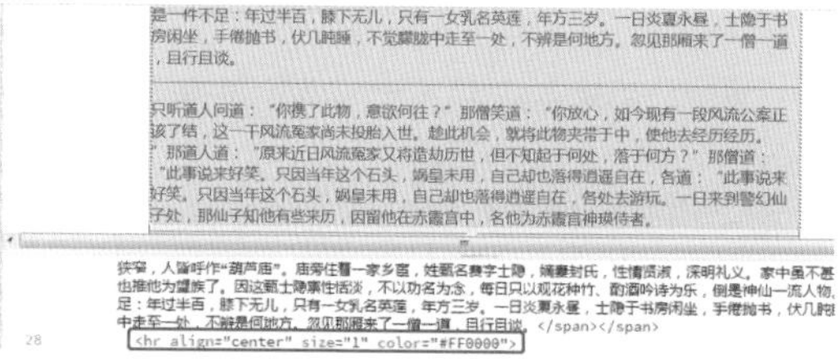

图 1-71　设置颜色

07 单击【确定】按钮，即可完成水平线颜色的设置。将文件保存，按 F12 键在浏览器中观看效果，如图 1-72 所示。

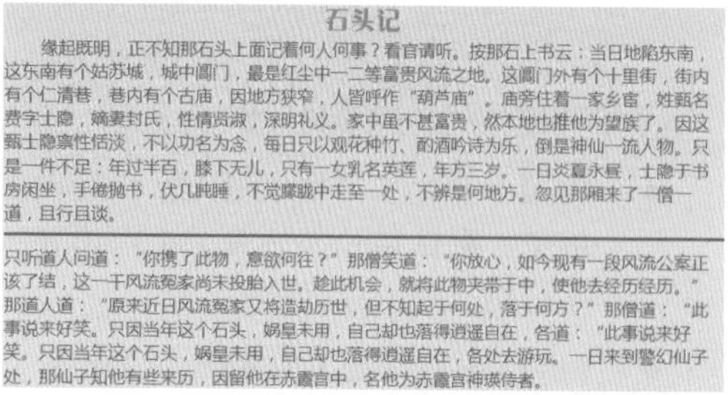

图 1-72　水平线效果

> **提示**
> 在 Dreamweaver 的设计视图中无法看到设置的水平线的颜色，可以将文件保存后在浏览器中查看。或者直接单击【实时视图】按钮，在实时视图中观看效果。

1.3.4　插入日期

Dreamweaver 提供了一个方便插入的日期对象，使用该对象可以以多种格式插入当前日期，还可以选择在每次保存文件时都自动更新该日期。

01 启动 Dreamweaver CC 软件，打开"素材\Cha01\Date.html"素材文件，如图 1-73 所示。

02 将光标放置在网页文档有绿色背景的单元格中，打开【插入】面板，在其中单击【日期】按钮 ，如图 1-74 所示。

03 打开【插入日期】对话框，根据需要设置【星期格式】、【日期格式】和【时间格式】，如果希望在每次保存文档时都更新插入的

日期，则勾选【储存时自动更新】复选框，如图 1-75 所示。

图 1-73　打开素材文件

图 1-74　单击【日期】按钮

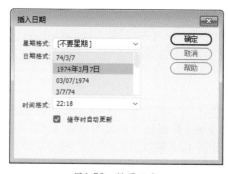

图 1-75　设置日期

04 单击【确定】按钮，即可将日期插入到文档中，如图 1-76 所示。

图 1-76　插入日期

1.4 制作新起点图书馆网页——格式化文本

图书馆是搜集、整理、收藏图书资料以供人阅览、参考的机构。下面来讲解新起点图书馆网页的制作方法，效果如图1-77所示。

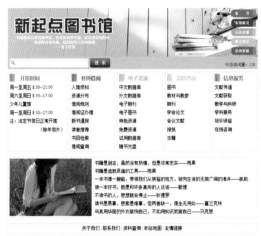

图1-77　新起点图书馆网页

素材	素材\Cha01\"新起点图书馆"文件夹
场景	场景\Cha01\制作新起点图书馆网页——格式化文本.html
视频	视频教学\Cha01\ 1.4 制作新起点图书馆网页——格式化文本.mp4

01 打开"新起点图书馆.html"素材文件，如图1-78所示。

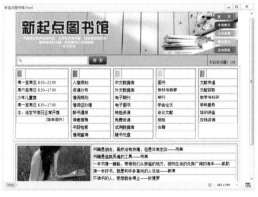

图1-78　打开素材文件

02 在如图1-79所示的单元格中输入文本。

图1-79　输入文本

03 在【属性】面板中，将【字体】设置为【微软雅黑】，【字体粗细】设置为bold，【大小】设置为16px，【字体颜色】设置为#00898BD，如图1-80所示。

图1-80　设置字体样式

04 在如图1-81所示的单元格中输入文本，将【字体】设置为【微软雅黑】，【字体粗细】设置为bold，【大小】设置为16px，【字体颜色】设置为#BB016F。

图1-81　设置字体样式

05 在如图1-82所示的单元格中输入文本，将【字体】设置为【微软雅黑】，【字体粗细】设置为bold，【大小】设置为16px，【字体颜色】设置为#F5AC40。

06 在如图1-83所示的单元格中输入文本，将【字体】设置为【微软雅黑】，【字体粗细】设置为 bold，【大小】设置为 16px，【字体颜色】设置为 #CDDE6A。

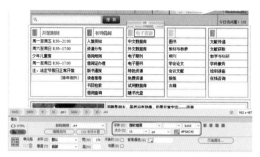

图1-82　设置字体样式

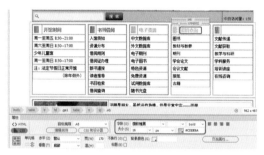

图1-83　设置字体样式

07 在如图 1-84 所示的单元格中输入文本，将【字体】设置为【微软雅黑】，【字体粗细】设置为 bold，【大小】设置为 16px，【字体颜色】设置为 #C0539A。

图1-84　设置字体样式

1.4.1 设置字体样式

字体样式是指字体的外观显示样式，如字体的加粗、倾斜、下划线等。利用 Dreamweaver CC 可以设置多种字体样式，具体操作如下。

01 选定要设置字体的样式文本，如图 1-85 所示。

图1-85　选择文本

02 右击文本，在弹出的快捷菜单中选择【样式】命令，弹出的子菜单如图 1-86 所示。菜单命令介绍如下。

图1-86　选择【样式】命令

- 【粗体】：将选中的文字加粗显示，也可以按 Ctrl+B 组合键，如图 1-87 所示。

你就是一道风景，没必要在别人风景里面仰视。

图1-87　加粗字体

- 【斜体】：将选中的文字显示为斜体样式，也可以按 Ctrl+I 组合键，如图 1-88 所示。

你就是一道风景，没必要在别人风景里面仰视。

图1-88　设置字体为斜体

- 【下划线】：可以在选中的文字下方显示一条下划线，如图 1-89 所示。

<u>你就是一道风景，没必要在别人风景里面仰视。</u>

图1-89　添加下划线

- 【删除线】：在选定文字的中部横贯一条横线，表明文字被删除，如图 1-90 所示。

~~你就是一道风景，没必要在别人风景里面仰视。~~

图1-90　添加删除线

1.4.2 编辑段落

段落是指一段格式统一的文本。在文件窗口中每输入一段文字，按 Enter 键后，就会自动地形成一个段落。编辑段落主要是对网页中的一段文本进行设置，主要的操作包括设置段落格式、段落的对齐方式、设置段落文本的缩进等。

1. 设置段落格式

设置段落的具体操作如下。

01　将光标放在段落中任意位置或选择段落中的一些文本。

02　可以执行以下操作之一：

- 选择菜单栏中的【格式】|【段落格式】命令。
- 在【属性】面板的【格式】下拉列表中选择段落格式，如图1-91所示。

图1-91　段落格式

03　选择一个段落格式，如标题1，与所选格式关联的HTML标记（表示【标题1】的h1、表示【预先格式化的】文本的pre等）将应用于整个段落。若选择【无】选项，则删除段落格式，如图1-92所示。

图1-92　设置格式

04　在段落格式中对段落应用标题标签时，Dreamweaver会自动添加下一行文本作为标准段落。若要更改此设置，可选择【编辑】|

【首选参数】命令，弹出【首选项】对话框，在【分类】列表框的【常规】选项中，取消勾选【编辑选项】中的【标题后切换到普通段落】复选框，如图1-93所示。

图1-93　取消选中【标题后切换到普通段落】复选框

2. 段落的对齐方式

段落的对齐方式指的是段落相对文档窗口在水平位置的对齐方式，有【左对齐】、【居中对齐】、【右对齐】和【两端对齐】4种。

设置段落对齐方式的具体操作步骤如下。

01　将光标放置在需要设置对齐方式的段落中，如果需要设置多个段落，则需要选择多个段落。

02　单击【属性】面板中的对齐按钮，如图1-94所示。

图1-94　【属性】面板中的对齐按钮

3. 段落缩进

在强调一些文字或引用其他来源的文字时，需要将文字进行段落缩进，以示和普通段落的区别。缩进主要是指内容相对于文档窗口左端产生的间距。

段落缩进的具体操作如下。

01　将光标放置在要设置缩进的段落中，如果要缩进多个段落，则选择多个段落。

02　然后执行以下操作之一：

- 选择菜单栏中的【格式】|【缩进】命令，

即可将当前段落往右缩进一段位置。

- 单击【属性】面板中的 或 ，可以减少或增加段落文字的缩进量。

在对段落的定义中，使用 Enter 键可以使段落之间产生较大的间距，即用 <p> 和 </p> 标记定义段落；若要对段落文字进行强制换行，可以按 Shift+Enter 组合键，通过在文件段落的相应位置插入一个
 标记来实现。

1.5 制作小学网站网页设计——项目列表

网站伴随着网络的快速发展而兴起，它作为上网的主要依托，从而变得非常重要。网页设计必须首先明确设计站点的目的和用户的需求，从而做出切实可行的设计方案。本例将介绍小学网站网页设计的制作过程，效果如图 1-95 所示。

图1-95　小学网站网页设计

素材	素材\Cha01\"小学网站网页设计"文件夹
场景	场景\Cha01\制作小学网站网页设计——项目列表.html
视频	视频教学\Cha01\ 1.5　制作小学网站网页设计——项目列表.mp4

01 打开"小学网站网页设计.html"素材文件，如图 1-96 所示。

图1-96　打开素材文件

02 选择如图 1-97 所示的文本内容。

图1-97　选择文本内容

03 在【属性】面板中选择 HTML 选项，单击【项目列表】按钮 ，如图 1-98 所示。

图1-98　单击【项目列表】按钮

04 设置项目列表后的效果如图 1-99 所示。

图1-99　设置完成后的效果

1.5.1 认识列表

在设计面板中右击，在弹出的快捷菜单中选择【列表】命令，在其子菜单中包括【项目列表】、【编号列表】和【定义列表】命令，用户可以根据需要选择相应的命令，如图 1-100 所示。

第 1 章 教育培训类网页设计——文本网页的创建与编辑

图1-100 快捷菜单命令

【项目列表】中各个项目之间没有顺序级别之分，通常使用一个项目符号作为每条列表项的前缀，如图1-101所示。

【编号列表】通常可以使用【阿拉伯数字】、【英文字母】、【罗马数字】等符号来编排项目，各个项目之间通常有一种先后关系，如图1-102所示。

- 项目列表
- 项目列表
- 项目列表
- 项目列表
- 项目列表
- 项目列表

1. 编号列表
2. 编号列表
3. 编号列表
4. 编号列表
5. 编号列表
6. 编号列表

图1-101 项目列表　　图1-102 编号列表

在Dreamweaver中还有【定义列表】方式，它的每一个列表项都带有一个缩进的定义字段，就好像解释文字一样，如图1-103所示。

```
定义列表
    定义列表
定义列表
    定义列表
定义列表
    定义列表
```

图1-103 定义列表

1.5.2 创建项目列表和编号列表

在网页文档中使用项目列表，可以增加内容的次序性和归纳性。在Dreamweaver中创建项目列表有很多种方法，显示的项目符号也多种多样。本节介绍项目创建的基本操作。

01 启动Dreamweaver CC软件，打开"素材\Cha01\旅游1.html"素材文件，如图1-104所示。

图1-104 打开素材文件

02 将光标插入【北京旅游景点简介：】文本的后面，按Enter键新建行并输入文本。选中输入的文本，右击，在弹出的快捷菜单中选择【对齐】|【左对齐】命令，即可将选中的文本左对齐，如图1-105所示。

图1-105 输入并对齐文本

03 继续选中输入的文本，打开【属性】面板，单击【项目列表】按钮，如图1-106所示。

图1-106 单击【项目列表】按钮

04 单击【项目列表】按钮后，即可在选中的文本前显示一个项目符号，然后将光标放置在文本的最后，按Enter键继续创建其他项目，并输入相应的文本，如图1-107所示。

> **提示**
> 创建项目列表，还可以直接单击文本【插入】面板中的【项目列表】按钮。

图1-107　创建其他项目

05 选中输入的文本，如图1-108所示。打开【属性】面板，单击【编号列表】按钮，如图1-109所示。

图1-108　选择输入的文本

图1-109　单击【编号列表】按钮

06 单击该按钮后，即可将选中文本的项目符号更改为编号，效果如图1-110所示。

图1-110　以编号显示

1.5.3　创建嵌套项目

嵌套项目是项目列表的子项目，其创建方法与创建项目的方法基本相同。下面来介绍嵌套项目的创建方法。

01 启动Dreamweaver CC软件，打开"素材\Cha01\旅游2.html"素材文件，如图1-111所示。

图1-111　打开素材文件

02 选中表格中的文本，在【属性】面板中单击【项目列表】按钮，为选中的文字添加项目符号，如图1-112所示。

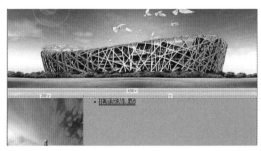

图1-112　添加项目符号

03 将光标置入到【北京旅游景点】文本的右侧，按Enter键新建行，然后输入相应的文本。选中输入的文本，分别单击【编号列表】按钮和【缩进】按钮，完成后的效果如图1-113所示。

嵌套项目可以是项目列表，也可以是编号列表，用户如果要将已有的项目设置为嵌套项目，可以选中项目中的某个项目，然后单击【缩进】按钮，再单击【项目列表】或【编号列表】即可更改嵌套项目的显示方式。

图1-113　完成后的效果

1.5.4 项目列表设置

项目列表设置主要是在项目的属性对话框中设置。使用【列表属性】对话框可以设置整个列表或个别列表项的外观，可以设置编号样式、重置计数，设置个别列表项或整个列表的项目符号样式选项。

将插入点放置在列表项的文本中后，在菜单栏中选择【格式】|【列表】|【属性】命令，打开【列表属性】对话框，如图1-114所示。

图1-114　【列表属性】对话框

在【列表属性】对话框中，可以设置要用来定义列表的选项。

在【列表类型】下拉列表中，选择项目列表的类型，包括【项目列表】、【编号列表】、【目录列表】和【菜单列表】。

在【样式】下拉列表中，选择项目列表或编号列表的样式。

当在【列表类型】下拉列表中选择【项目列表】时，可选择的【样式】有【项目符号】和【正方形】两种，如图1-115所示。

将【列表类型】设置为【编号列表】时，可选择的【样式】有【数字】、【小写罗马字母】、【大写罗马字母】、【小写字母】和【大写字母】5种，如图1-116所示。

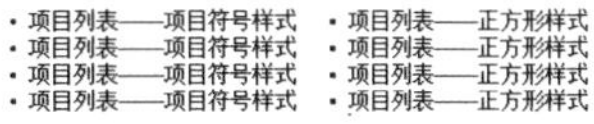

图1-115　项目列表的两种样式

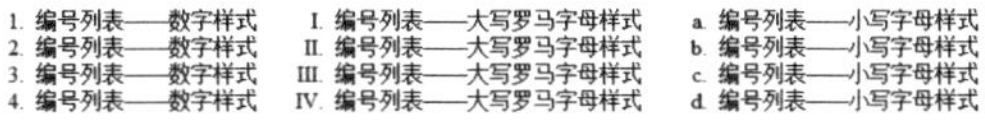

图1-116　编号列表的几种样式

将【列表类型】设置为【编号列表】时，在【开始计数】文本框中可以输入有序编号的起始数值。该选项可以使插入点所在的整个项目列表从第一行开始重新编号。

在【新建样式】下拉列表中，可以为插入点所在行及其后面的行指定新的项目列表样式，如图1-117所示。

将【列表类型】设置为【编号列表】时，在【重新计数】文本框中可以输入新的编号起始数字。这时，从插入点所在行开始到以后各行，会从新数字开始编号，如图1-118所示。

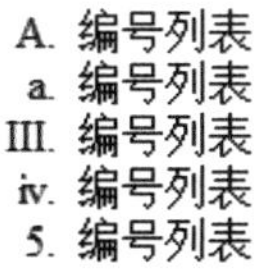

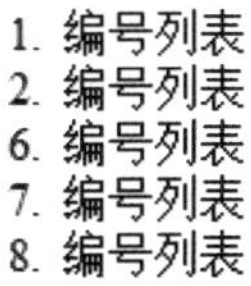

图1-117　不同的样式　　图1-118　从新数字开始编号

设置完成后，单击【确定】按钮即可。

在设置项目属性时，如果在【列表属性】对话框的【开始计数】文本框中输入有序编号的起始数值，那么在光标所处的位置上整个项目列表会重新编号。如果在【重新计数】文本框中输入新的编号起始数字，那么在光标所在的项目列表处以输入的数值为起点，重新开始编号。

1.6 上机练习——制作兴德教师招聘网网页

招聘是人力资源管理的工作，其环节包括发布招聘广告、二次面试、雇佣轮选等。负责招聘工作的称为招聘专员（Recruiter），他们是人力资源方面专家，或者是人事部的职员。聘请的最后选择权应该是用人单位，他们与合适的应征者签署雇佣合约。网页效果如图1-119所示。

图1-119 兴德教师招聘网

素材	素材\Cha01\"兴德教师招聘网"文件夹
场景	场景\Cha01\上机练习——制作兴德教师招聘网网页.html
视频	视频教学\Cha01\1.6 上机练习——制作兴德教师招聘网网页.mp4

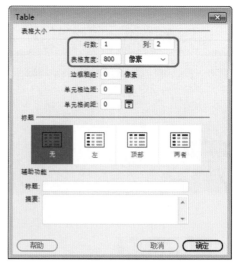

图1-120 Table对话框

图1-121 选择素材文件

01 启动Dreamweaver CC软件后，在菜单栏中选择【文件】|【新建】命令，弹出【新建文档】对话框，将【文档类型】设置为【HTML 5】，单击【创建】按钮。按Ctrl+Alt+T组合键，打开Table对话框，将【行数】、【列】分别设置为1、2，将【表格宽度】设置为800像素，其他均设置为0，如图1-120所示。

02 单击【确定】按钮，选择插入的表格，在【属性】面板中将Align设置为【居中对齐】，将第1列单元格的【宽】、【高】分别设置为200、70，将光标置入第1列单元格内，按Ctrl+Alt+I组合键，打开【选择图像源文件】对话框，选择"兴德教师招聘网\标题.jpg"素材文件，如图1-121所示。

03 单击【确定】按钮，即可插入素材图片，将光标置入第2列单元格内，按Ctrl+Alt+T组合键，打开Table对话框，将【行数】、【列】分别设置为1、5，将【表格宽度】设置为600像素，如图1-122所示。

04 单击【确定】按钮，插入表格。然后在表格上单击鼠标右键，在弹出的快捷菜单中选择【CSS样式】|【新建】命令，弹出【新建CSS规则】对话框，将【选择器名称】设置为gel，如图1-123所示。

05 单击【确定】按钮，在【分类】列表框中选择【边框】选项，将Style设置为solid，将Width设置为thin，将Color设置为#093，如图1-124所示。

第 1 章 教育培训类网页设计——文本网页的创建与编辑

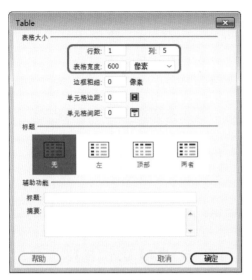

图1-122 Table对话框

图1-123 【新建CSS规则】对话框

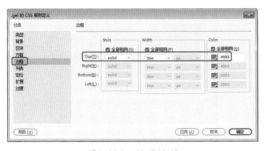

图1-124 设置规则

06 单击【确定】按钮，选择第1、3、5列单元格，为选中的单元格应用该样式；然后将第1、3、5列单元格的【宽】分别设置为65、295、188。将光标置入第1列单元格内，按Ctrl+Alt+T组合键，打开Table对话框，在该对话框中将【行数】、【列】分别设置为2、1，将【表格宽度】设置为65像素，将【单元格边距】设置为8，如图1-125所示。

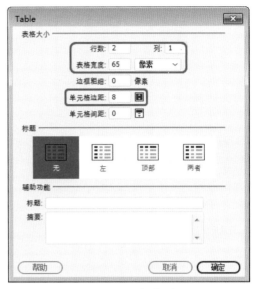

图1-125 Table对话框

07 单击【确定】按钮，然后在插入单元格内输入【找工作】、【找人才】文本，单击鼠标右键，在弹出的快捷菜单中选择【CSS样式】|【新建】命令，弹出【新建CSS规则】对话框，将【选择器名称】设置为A1，单击【确定】按钮，在【A1的CSS规则定义】对话框中将Font-size设置为13，如图1-126所示。

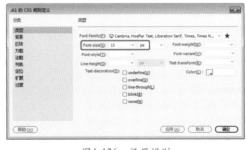

图1-126 设置规则

08 单击【确定】按钮，选择刚刚创建的文本，将【目标规则】设置为A1，将【水平】设置为居中对齐。将光标置入第3列单元格内，按Ctrl+Alt+T组合键，打开Table对话框，将【行数】、【列】分别设置为2、1，将【表格宽度】设置为295像素，将【单元格边距】设置为8，如图1-127所示。

图1-127　Table对话框

09 单击【确定】按钮,即可创建表格。选择单元格,将【水平】设置为居中对齐,在单元格内输入文本,然后为输入的文本应用该样式,完成后的效果如图1-128所示。

图1-128　应用样式后的效果

10 将光标置入第5列单元格内,按Ctrl+Alt+T组合键,打开Table对话框,将【行数】、【列】分别设置为2、1,将【表格宽度】设置为188像素,将【单元格边距】设置为8,单击【确定】按钮,插入表格,将单元格的【水平】设置为居中对齐。然后在单元格内输入文本,单击鼠标右键,在弹出的快捷菜单中选择【CSS样式】|【新建】命令,弹出【新建CSS规则】对话框,将【选择器名称】设置为A2,如图1-129所示。

图1-129　【新建CSS规则】对话框

11 单击【确定】按钮,在弹出的对话框中选择【分类】列表框中的【类型】选项,将Font-size设置为13,将Font-weight设置为bold,如图1-130所示。

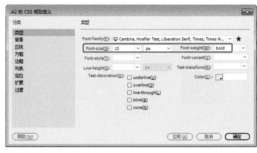

图1-130　设置规则

12 单击【确定】按钮,将【城市:】、【科目:】文本的【目标规则】设置为A2,将其他文本的【目标规则】设置为A1,单击【实时视图】按钮,观看效果如图1-131所示。

图1-131　设置完成后的效果

13 将光标置入表格的右侧,按Ctrl+Alt+T组合键,打开Table对话框,将【行数】、【列】均设置为1,将【表格宽度】设置为800像素,将【单元格边距】设置为0,如图1-132所示。

图1-132　Table对话框

14 单击【确定】按钮,在【属性】面板中将Align设置为【居中对齐】。将光标置入该单元格内,在菜单栏中选择【插入】|HTML|【水平线】命令。选择插入的水平线,单击【拆分】按钮,在hr右侧输入代码color=" #009933",如图1-133所示。

图1-133 设置水平线颜色

15 将光标置入表格的右侧，按Ctrl+Alt+T组合键，打开Table对话框，在该对话框中将【行数】、【列】分别设置为1、2，将【表格宽度】设置为800像素，其他保持默认设置，单击【确定】按钮。将插入的表格Align设置为【居中对齐】，将光标置入第1列单元格内，将【宽】设置为260。将光标置入该单元格内，按Ctrl+Alt+T组合键，打开Table对话框，在该对话框中将【行数】、【列】分别设置为4、2，将【表格宽度】设置为260像素，将【单元格边距】设置为11，如图1-134所示。

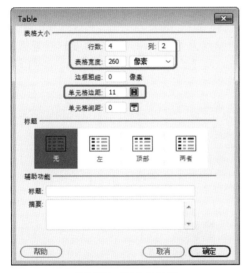

图1-134 Table对话框

16 单击【确定】按钮，即可插入表格。选择所有单元格，将【背景颜色】设置为#f1f1f1。将第1列单元格的宽设置为129，将第1行单元格、第2行单元格、第3行单元格分别合并，然后在第1行单元格内输入文字【会员注册】，将【水平】设置为居中对齐，单击鼠标右键，在弹出的快捷菜单中选择【CSS样式】|【新建】命令，弹出【新建CSS规则】对话框，将【选择器名称】设置为A3，如图1-135所示。

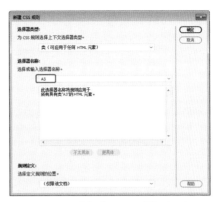

图1-135 【新建CSS规则】对话框

17 单击【确定】按钮，在打开的对话框中将Font-weight设置为bold，将Color设置为#009933，如图1-136所示。

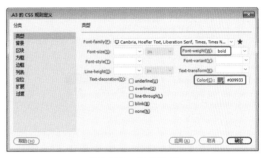

图1-136 设置规则

18 单击【确定】按钮，选择刚刚输入的文本，在【属性】面板中将【目标规则】设置为A3。将光标置入第2行单元格内，在菜单栏中选择【插入】|【表单】|【文本】命令，如图1-137所示。

图1-137 选择【文本】命令

[19] 选择该命令后即可插入表单，将文本更改为【用户名：】，使用同样的方法在第3行单元格内插入表单，效果如图1-138所示。

图1-138 设置完成后的效果

[20] 将光标插入第4行第1列单元格内，按Ctrl+Alt+I组合键，打开【选择图像源文件】对话框，选择"兴德教师招聘网\登录.png"素材文件，如图1-139所示。

图1-139 选择素材文件

[21] 单击【确定】按钮，将【水平】设置为居中对齐。将光标置入第4行第2列单元格内，将【宽】设置为87，在该单元格内输入【忘记密码?】文本，将【水平】设置为居中对齐，单击鼠标右键，在弹出的快捷菜单中选择【CSS样式】|【新建】命令，弹出【新建CSS规则】对话框，将【选择器名称】设置为A4，其他保持默认设置，单击【确定】按钮，再在弹出的对话框中将Font-size设置为13，将Color设置为#093，如图1-140所示。

[22] 单击【确定】按钮，选择刚刚输入的文本，在【属性】面板中将【目标规则】设置为.A4，单击【实时视图】按钮，观看效果如图1-141所示。

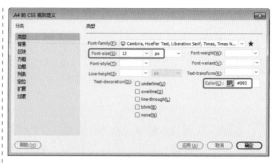

图1-140 设置规则

图1-141 设置完成后的效果

[23] 将光标置入大表格的第2列单元格内，将【水平】设置为右对齐。按Ctrl+Alt+T组合键，打开Table对话框，将【行数】、【列】分别设置为1、3，将【表格宽度】设置为525像素，将【单元格边距】设置为0，如图1-142所示。

图1-142 Table对话框

[24] 将光标置入第1列单元格内，在该单元格内插入4行2列、【表格宽度】为320像素、【单元格边距】为12的表格。然后使用前面介绍的方法将单元格合并，并在单元格内进行设置，完成后的效果如图1-143所示。

图1-143　设置完成后的效果

25 将光标置入第3行第1列单元格内，选择【插入】|【表单】|【选择】命令，将文字删除。然后选择插入的表单，在【属性】面板中单击【列表值】按钮，在弹出的【列表值】对话框中进行设置，如图1-144所示。

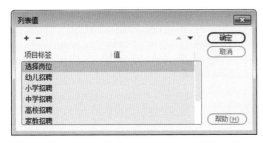

图1-144　【列表值】对话框

26 使用同样的方法设置其他表单，完成后的效果如图1-145所示。

图1-145　设置完成后的效果

27 将第2列单元格的【宽】设置为13，选择第3列单元格，将其目标规则设置为gel。将光标置入该单元格内，按Ctrl+Alt+T组合键，打开Table对话框，将【行数】、【列】分别设置为6、1，将【表格宽度】设置为188像素，将【单元格边距】设置为8，如图1-146所示。

28 单击【确定】按钮，在单元格内输入文本，然后为输入的文本应用A1的CSS样式，完成后的效果如图1-147所示。

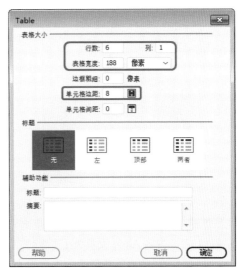

图1-146　Table对话框

图1-147　设置完成后的效果

29 将光标置入表格的右侧，按Ctrl+Alt+T组合键，打开Table对话框，将【行数】、【列】均设置为1，将【表格宽度】设置为800像素，将【单元格边距】设置为0，单击【确定】按钮。选择插入的表格，将Align设置为【居中对齐】，然后将光标置入该单元格内，选择【插入】|HTML|【水平线】命令。选择插入的水平线，根据前面介绍的方法设置水平线的颜色，完成后的效果如图1-148所示。

图1-148　插入水平线后的效果

30 将光标置入表格的右侧，按Ctrl+Alt+T组合键打开Table对话框，将【行数】、【列】分别设置为1、2，将【表格宽度】设置为820像素，将【单元格间距】设置为10，其他保持默认设置，如图1-149所示。

图1-149　Table对话框

[31] 单击【确定】按钮，选择插入的表格，在【属性】面板中将 Align 设置为【居中对齐】，单击鼠标右键，在弹出的快捷菜单中选择【CSS 样式】|【新建】命令，弹出【新建 CSS 规则】对话框，将【选择器名称】设置为 ge2，如图 1-150 所示。

图1-150　【新建CSS规则】对话框

[32] 单击【确定】按钮，将 Style 列表中的 Top 设置为 solid，将 Width 设置为 thin，将 Color 设置为 #CCC，如图 1-151 所示。

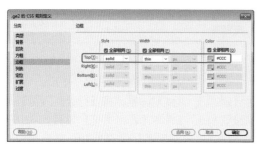

图1-151　设置规则

[33] 为第 1 列、第 2 列单元格应用 ge2 单元格样式。将光标置入第 1 列单元格内，按 Ctrl+Alt+T 组合键，打开 Table 对话框，将【行数】、【列】分别设置为 10、2，将【表格宽度】设置为 391 像素，将【单元格边距】设置为 5，其他均设置为 0，如图 1-152 所示。

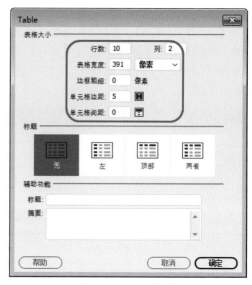

图1-152　Table对话框

[34] 在插入的表格内输入文本，然后为文本应用 CSS 样式，完成后的效果如图 1-153 所示。

图1-153　设置表格

[35] 使用同样的方法设置其他表格，在表格内输入文本和插入水平线，并为文本应用 CSS 样式，完成后的效果如图 1-154 所示。

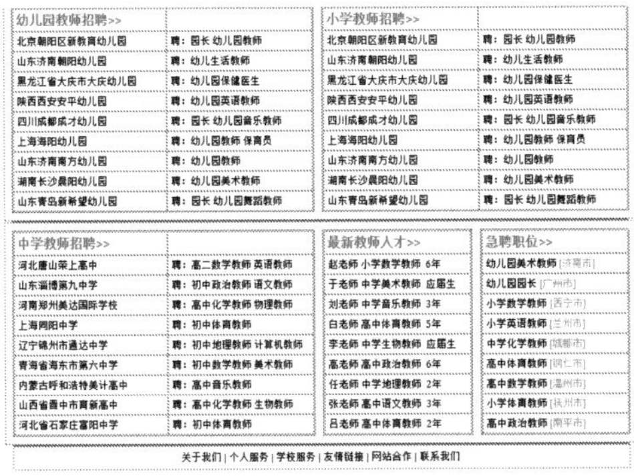

图1-154 设置完成后的效果

1.7 思考与练习

1. 如何新建网页文档？

2. 如何插入水平线？

第 2 章 艺术爱好类网页设计——表格化网页布局

在制作网页时，我们可以使用表格对网页的内容进行排版，因此我们需要掌握一些表格的基本操作方法，如选择表格、剪切表格、复制表格、添加行或列等。

基础知识
- 插入表格
- 在单元格中插入图像

重点知识
- 选择表格行、列
- 合并、拆分单元格

提高知识
- 调整整个表格大小
- 调整行高或列宽

艺术类网站也是常见的一类网站，一般由公益组织或商业企业创建，其目的是更好地宣传艺术内容。本章通过几个案例来介绍艺术类网站的设计方法与技巧。通过本章的学习，读者可以在制作此类网站时有更清晰的思路，以便能创建更加精美的网站。

2.1 制作觅图网页——在单元格中添加内容

本例将介绍觅图网网页设计的过程，主要包括使用表格和 Div 布局网页，其中还介绍了如何设置表单和插入 Div 的方法。完成后的效果如图 2-1 所示。

图2-1 觅图网网页

素材	素材\Cha02\"觅图网网页设计"文件夹
场景	场景\Cha02\制作觅图网页——在单元格中添加内容.html
视频	视频教学\Cha02\ 2.1 制作觅图网页——在单元格中添加内容.avi

01 启动 Dreamweaver CC 软件后，按 Ctrl+N 组合键，在弹出的【新建文档】对话框中，将【页面类型】设置为 HTML，将【布局】设置为【无】，将【文档类型】设置为【HTML 4.01 Transitional】，单击【创建】按钮，如图 2-2 所示。

图2-2 【新建文档】对话框

02 单击【页面属性】按钮，在弹出的【页面属性】对话框中，将【左边距】、【右边距】、【上边距】和【下边距】均设置为 10px，单击【确定】按钮，如图 2-3 所示。

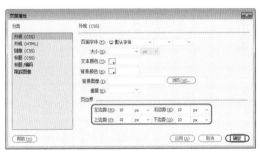

图2-3 【页面属性】对话框

03 按 Ctrl+Alt+T 组合键，弹出 Table 对话框，将【行数】设置为 2，【列】设置为 1，将【表格宽度】设置为 1000 像素，将【边框宽度】、【单元格边距】、【单元格间距】均设置为 0，单击【确定】按钮，如图 2-4 所示。

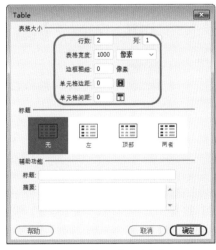

图2-4 插入并设置表格

04 将光标插入到第 1 行单元格中，然后单击【拆分单元格为行或列】按钮，在弹出的【拆分单元格】对话框中，将【把单元格拆分成】设置为【列】，将【列数】设置为 3，单击【确定】按钮，如图 2-5 所示。

图 2-5 【拆分单元格】对话框

05 将光标插入到第 1 行第 1 列单元格中，将【水平】设置为居中对齐，将【垂直】设置为居中，将【宽】设置为 30%，将【高】设置为 100，如图 2-6 所示。

图 2-6 设置单元格

06 按 Ctrl+Alt+I 组合键，弹出【选择图像源文件】对话框，选择"觅图网网页设计 \01.png"素材文件，单击【确定】按钮，如图 2-7 所示。

图 2-7 选择素材文件

07 将光标插入到第 2 列单元格中，将【水平】设置为居中对齐，将【垂直】设置为居中，将【宽】设置为 40%，将【高】设置为 100，如图 2-8 所示。

图 2-8 设置单元格

08 单击【拆分单元格为行或列】按钮，在弹出的【拆分单元格】对话框中，将【把单元格拆分成】设置为【行】，将【行数】设置为 2，单击【确定】按钮，将光标置于如图 2-9 所示的单元格内。

图 2-9 拆分单元格

09 在单元格内输入【真正拥有创意的免费素材】文本，将【字体】设置为【微软雅黑】，将【字体颜色】设置为 #787878，如图 2-10 所示。

图 2-10 输入文本

10 将光标插入到如图 2-11 所示的单元格中。

图 2-11 将光标置于单元格中

11 将【水平】设置为左对齐，然后插入"觅图网网页设计 \02.png"素材文件，将图片的【宽】、【高】分别设置为 400px、40px，如图 2-12 所示。

12 将光标放置于第 3 列单元格内，单击【拆分单元格为行或列】按钮，在弹出的【拆分单元格】对话框中，将【把单元格拆分成】设置为【行】，将【行数】设置为 2，单击【确定】按钮，确认光标置于如图 2-13 所示的单元格内。

图2-12 插入素材文件

图2-13 拆分单元格

13 单击【拆分单元格为行或列】按钮 ，在弹出的【拆分单元格】对话框中，将【把单元格拆分成】设置为【行】，将【行数】设置为2，单击【确定】按钮，将光标置于拆分后的单元格的第1行，将【水平】设置为右对齐，将【垂直】设置为居中，如图2-14所示。

图2-14 拆分单元格并设置单元格对齐

14 在单元格内输入【登录 | 注册 | 帮助中心】文本，将【字体】设置为【微软雅黑】，将【大小】设置为12px，如图2-15所示。

图2-15 输入文本

15 将第1行和第2行单元格的【高】均设置为25，如图2-16所示。

图2-16 设置单元格高度

16 将光标插入到第3列单元格中，将【水平】设置为居中对齐，将【垂直】设置为居中，然后输入文本，将【字体】设置为【微软雅黑】，将【大小】设置为24，将字体颜色设置为#D30048，如图2-17所示。

图2-17 设置单元格格式

17 将光标插入到下一行单元格中，将【高】设置为56。然后单击【拆分】按钮，在 <td> 标签中输入代码 "<td height="56" colspan="3" background="file:///E|/ 下载资源 / 素材 /Cha02/ 觅图网网页设计 /03.png">"，将其设置为单元格的背景图片，如图2-18所示。

图2-18 设置单元格的背景图片

18 单击【设计】按钮后，在单元格中插入一个1行7列的表格，将【宽】设置为100%，如图2-19所示。

图2-19 插入表格

19 选中新插入的所有单元格，将【水平】设置为居中对齐，将【高】设置为56，然后调整单元格的线框，将其与背景图片的竖线基本

35

对齐，如图2-20所示。

图2-20 设置并调整单元格

20 在单元格中输入文本，将【字体】设置为【微软雅黑】，将【大小】设置为20，将字体颜色设置为白色，如图2-21所示。

图2-21 输入并设置字体

21 在空白位置单击鼠标左键，然后在菜单栏中执行【插入】|Div命令，在弹出的【插入Div】对话框中，将ID设置为div01，如图2-22所示。

图2-22 【插入Div】对话框

22 单击【新建CSS规则】按钮，在弹出的【新建CSS规则】对话框中，使用默认参数，单击【确定】按钮，如图2-23所示。

23 在弹出的对话框中，将【分类】选择为【定位】，将Position设置为absolute，单击【确定】按钮，如图2-24所示。

24 返回到【插入Div】对话框，然后单击【确定】按钮，在页面中插入Div。选中插入的div01，在【属性】面板中，将【宽】设置为1000px，将【高】设置为352px，调整div的位置，如图2-25所示。

图2-23 【新建CSS规则】对话框

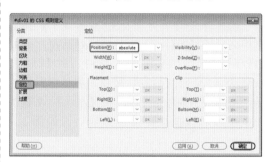

图2-24 设置【定位】

图2-25 设置div01

25 将div01中的文本删除，然后插入一个2行3列的表格，将【宽】设置为100%，如图2-26所示。

图2-26 插入表格

26 选中第 1 列的两个单元格，单击 按钮，将其合并为一个单元格，将【宽】设置为 272，将【高】设置为 352。然后将其他 4 个单元格的【高】均设置为 176，如图 2-27 所示。

图 2-27　设置单元格

27 参照前面的操作步骤，在各个单元格中插入素材图片，如图 2-28 所示。

图 2-28　插入素材图片

28 使用相同的方法插入新的 Div，将其命名为 div02，将【宽】设置为 121px，将【高】设置为 35px，调整 Div 的位置，如图 2-29 所示。

图 2-29　插入 div02

29 将 div02 中的文本删除，然后再输入文本，将【字体】设置为【微软雅黑】，将【大小】设置为 30，将字体颜色设置为 #666666，如图 2-30 所示。

图 2-30　设置输入的文本

30 使用相同的方法插入新的 Div，将其命名为 div03，将【宽】设置为 230px，将【高】设置为 290px，调整 Div 的位置，如图 2-31 所示。

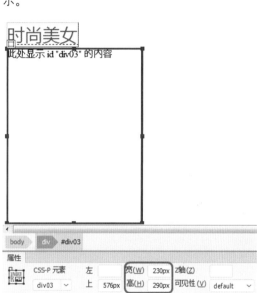

图 2-31　插入 div03

31 将 div03 中的文本删除，然后插入一个 4 行 3 列的表格，将单元格的【水平】设置为居中对齐，将【垂直】设置为居中，将【宽】设置为 76，将【高】设置为 72，如图 2-32 所示。

32 按住 Ctrl 键，选中如图 2-33 所示的单元格，将【背景颜色】设置为 #BC52F3，如图 2-33 所示。

33 使用相同的方法，将其他几个单元格的【背景颜色】分别设置为 #4FBAFF、#7A75F9，如图 2-34 所示。

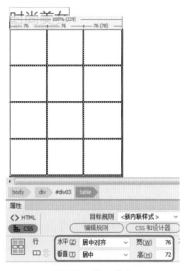

图2-32 插入表格

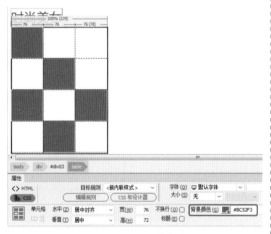

图2-33 设置背景颜色

图2-34 设置其他单元格背景颜色

34 在单元格中输入文本,将【字体】设置为【微软雅黑】,将【大小】设置为18,将字体颜色设置为白色,如图2-35所示。

图2-35 设置输入的文本

35 使用相同的方法插入新的Div,将其命名为div04,将【宽】设置为465px,将【高】设置为290px,调整Div的位置,如图2-36所示。

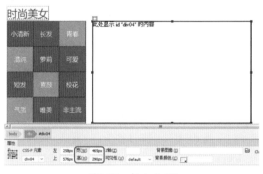

图2-36 插入div04

36 将div04中的文本删除,然后插入一个2行2列的表格,将【表格宽度】设置为100%,将第1列的两个单元格进行合并,如图2-37所示。

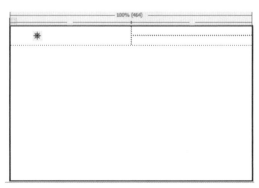

图2-37 插入单元格

37 在单元格中分别插入素材图片，如图 2-38 所示。

图2-38　插入素材图片

38 使用相同的方法插入新的 Div，将其命名为 div05，将【宽】设置为 260px，将【高】设置为 290px，调整 Div 的位置，如图 2-39 所示。

图2-39　插入div05

39 将 div05 中的文本删除，然后插入一个 3 行 3 列的表格，将【宽】设置为 100%，将最后一行的 3 个单元格合并，如图 2-40 所示。

图2-40　插入表格

40 参照前面的操作步骤，设置单元格的【宽】和【高】，然后输入文本并插入素材图片，如图 2-41 所示。

图2-41　输入文本并插入素材图片

41 使用相同的方法插入其他 Div，并编辑 Div 中的内容，如图 2-42 所示。

图2-42　插入其他Div并编辑Div中的内容

2.1.1 插入表格

表格是网页中最常用的排版方式之一，它可以将数据、文本、图片、表单等元素有序地显示在页面上，从而便于阅读信息。通过在网页中插入表格，可以对网页内容进行精确的定位。下面将介绍在网页中如何插入简单的表格。

01 新建一个文档，在菜单栏中选择【插入】|Table 命令，如图 2-43 所示。

图2-43　选择Table命令

02 选择该命令后，系统自动弹出 Table 对话框，在该对话框中设置表格的【行数】、【列】、【表格宽度】等基本属性，如图2-44所示。

图2-44　设置表格基本属性

03 设置完成后，单击【确定】按钮，即可插入表格，如图2-45所示。

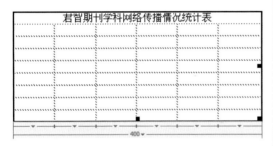

图2-45　插入表格

在 Table 对话框中各选项功能说明如下。

- 【行数】和【列】：设置插入表格的行数和列数。
- 【表格宽度】：设置插入表格的宽度。在文本框中设置表格宽度，在文本框右侧下拉列表中选择宽度单位，包括像素和百分比两种。
- 【边框粗细】：设置插入表格边框的粗细值。如果应用表格规划网页格式，通常将【边框粗细】设置为 0，在浏览网页时表格将不会显示。
- 【单元格边距】：设置插入表格中单元格边界与单元格内容之间的距离。默认值为 1 像素。
- 【单元格间距】：设置插入表格中单元格与单元格之间的距离。默认值为 2 像素。
- 【标题】：设置插入表格内标题所在单元格的样式。共有 4 种样式可选，包括【无】、【左】、【顶部】和【两者】。
- 【辅助功能】：辅助功能包括【标题】和【摘要】两个选项。【标题】是指在表格上方居中显示表格外侧标题。【摘要】是指对表格的说明。【摘要】内容不会显示在【设计】视图中，只有在【代码】视图中才可以看到。

> **提　示**
> 在光标所在位置都可插入表格，如果光标位于表格或者文本中，表格也可以插入到光标位置上。

2.1.2 向表格中输入文本

下面来介绍一下如何在表格中输入文本。

01 启动 Dreamweaver CC 软件，打开"素材\Cha02\输入内容.html"素材文件，如图2-46所示。

君智期刊学科网络传播情况统计表				

图2-46　打开素材文件

02 将光标放置在需要输入文本的单元格中，输入文本。单元格在输入文本时可以自动扩展，如图2-47所示。

君智期刊学科网络传播情况统计表				
学业名称	下载模式	浏览数	访问量	

图2-47　输入文本

2.1.3 嵌套表格

嵌套表格是指在表格的某个单元格中插入另一个表格。当单个表格不能满足布局需求时，可以创建嵌套表格。如果嵌套表格宽度单位为百分比，将受其所在单元格宽度的限制；如果单位为像素，当嵌套表格的宽度大于所在单元格的宽度时，单元格宽度将变大。

下面介绍如何嵌套表格。

01 打开"素材\Cha02\嵌套表格.html"素材文件，如图2-48所示。

图2-48　打开素材文件

02 将光标放置在单元格中文本右侧，在菜单栏中选择【插入】|Table命令，打开Table对话框，在其中设置表格属性，如图2-49所示。

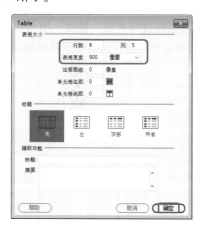

图2-49　设置表格属性

03 单击【确定】按钮，即可插入嵌套表格，效果如图2-50所示。

图2-50　插入嵌套表格

2.1.4 在单元格中插入图像

制作网站时，为了使网站更加美观，可以在单元格中插入相应图像，使其更加活泼生动。

下面介绍如何在单元格中插入图像。

01 在菜单栏中选择【插入】|Table命令，在弹出的Table对话框中，将【行数】设置为1，将【列】设置为2，将【表格宽度】设置为300像素，将【边框粗细】设置为1，如图2-51所示。

图2-51　Table对话框

02 单击【确定】按钮，即可插入表格，如图2-52所示。

图2-52　插入的表格

03 将光标放在需要插入图像的单元格中，在菜单栏中选择【插入】|Image命令，如图2-53所示。

图2-53　选择Image命令

04 在弹出的【选择图像源文件】对话框中选择需要插入的图像，单击【确定】按钮，如图2-54所示。

图2-54 单击【确定】按钮

05 这时便完成了在单元格中插入图像的操作，适当调整图片大小，效果如图2-55所示。

图2-55 插入图像效果

06 使用同样的方法，在第2个单元格中插入图像，最终效果如图2-56所示。

图2-56 最终效果

2.2 制作工艺品网页——表格的基本操作

本例将讲解如何制作工艺品网页，主要使用插入表格和图像功能，完成后的效果如图2-57所示。

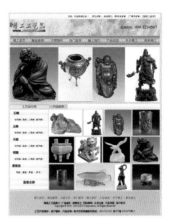

图2-57 工艺品网页

素材	素材\Cha02\"工艺品网设计"文件夹
场景	场景\Cha02\制作工艺品网页——表格的基本操作.html
视频	视频教学\Cha02\ 2.2 制作工艺品网页——表格的基本操作.avi

01 启动 Dreamweaver CC 软件后，按 Ctrl+N 组合键，打开【新建文档】对话框，选择【空白页】|HTML|【无】选项，单击【创建】按钮。进入工作界面后，在菜单栏中选择【插入】|Table 命令，在 Table 对话框中将【行数】设置为1，将【列】设置为9，将【表格宽度】设置为850像素，其他参数均设置为0，单击【确定】按钮，如图2-58所示。

图2-58 设置表格参数

疑难解答 如何快速打开Table对话框？

按Ctrl+Alt+T组合键，可打开Table对话框。

02 新建表格后，在左侧的单元格中单击鼠标左键，将光标插入到左侧的单元格中，在下方的【属性】面板中将【宽】设置为328，将【高】设置为30，如图2-59所示。

图2-59 设置单元格

03 在其右侧的单元格中输入文本，并选中带有文本的单元格，在下方的【属性】面板中将【大小】设置为12 px，如图2-60所示。

图2-60 设置单元格中文本的大小

04 使用同样方法，设置其他单元格的宽度，并在单元格中输入文本，进行设置，效果如图2-61所示。

图2-61 设置其他单元格并输入文本

05 将光标插入到左侧的单元格，在【文档】栏中单击【拆分】按钮，在打开的界面中即可看到代码中的光标，如图2-62所示。

图2-62 代码中的光标

06 在打开的界面中，将光标插入到当前光标所在行的 <td 代码右侧，按空格键即可弹出选项板，选择 background 并双击，如图2-63所示。

图2-63 选择background

07 执行上一步操作后，会再次弹出【浏览】按钮，单击该按钮，即可打开【选择文件】对话框，选择"工艺品网设计\底图1.jpg"素材文件，单击【确定】按钮，如图2-64所示。

图2-64 【选择文件】对话框

08 使用同样的方法，将光标插入到其他单元格中，并添加素材，效果如图2-65所示。

图2-65 插入背景图像

09 返回【设计】视图，将光标插入未输入文本的单元格中，按 Ctrl+Alt+I 组合键，打开【选择图像源文件】对话框，选择"工艺品网设计\sina.png"素材文件，如图2-66所示。

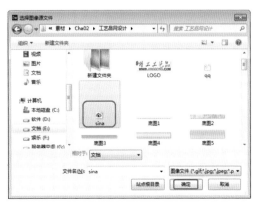

图2-66 选择素材文件

⑩ 使用同样方法，将光标插入另一个未输入文本的单元格中，并插入素材图片，效果如图 2-67 所示。

图 2-67　插入素材图片后的效果

⑪ 将光标插入表格的右侧外，使用前面介绍的方法，插入表格，并插入素材图片，效果如图 2-68 所示。

图 2-68　插入素材图片

⑫ 在菜单栏中选择【插入】|Div 命令，打开【插入 Div】对话框，在 ID 右侧输入名称，单击【确定】按钮，如图 2-69 所示。

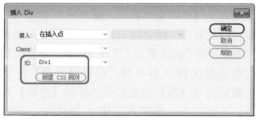

图 2-69　【插入 Div】对话框

⑬ 单击【新建 CSS 规则】按钮，接着在打开的对话框中选择【分类】列表框中的【定位】选项，将 Position 设置为 absolute，然后单击【确定】按钮，如图 2-70 所示。

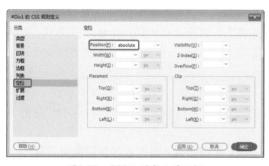

图 2-70　CSS 规则定义对话框

⑭ 返回到【插入 Div】对话框中，单击【确定】按钮，即可在光标所在位置插入 Div，如图 2-71 所示。

图 2-71　插入 Div

⑮ 将光标插入到 Div 中，删除其中的文本后再输入文本，调整 Div 的宽度和位置。选中其中的文本，在【属性】面板中将文本的颜色设置为 #800080，然后分别选中文本，将大小分别设置为 16 px、24 px，效果如图 2-72 所示。

图 2-72　输入并设置文本

⑯ 使用前面介绍的方法，插入一个 1 行 8 列、表格宽度为 850 像素的表格，将光标插入到第 1 列单元格中，在【属性】面板中将【高】设置为 58，如图 2-73 所示。

图 2-73　插入并设置表格

⑰ 选中左侧的单元格，在菜单栏中选择【插入】|HTML|【鼠标经过图像】命令，打开【插入鼠标经过图像】对话框，如图 2-74 所示。

图 2-74　【插入鼠标经过图像】对话框

⑱ 单击【原始图像】右侧的【浏览】按钮，打开【原始图像】对话框，选择"工艺品网设计\经过前图像 1.jpg"素材文件，单击【确定】按钮，如图 2-75 所示。

图 2-75 选择素材文件

19 返回到【插入鼠标经过图像】对话框，单击【鼠标经过图像】右侧的【浏览】按钮，在打开的【鼠标经过图像】对话框中选择"工艺品网设计\经过后图像 1.jpg"素材文件，然后单击【确定】按钮，如图 2-76 所示。

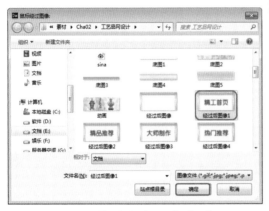

图 2-76 【鼠标经过图像】对话框

20 返回到【插入鼠标经过图像】对话框，单击【确定】按钮，如图 2-77 所示。

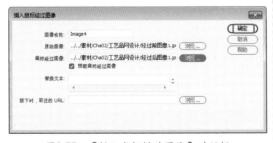

图 2-77 【插入鼠标经过图像】对话框

21 使用相同的方法，在其他单元格中插入鼠标经过图像，效果如图 2-78 所示。

图 2-78 制作其他鼠标经过图像效果

22 根据前面介绍的方法，插入表格，输入文本，插入图像，并进行调整，对部分单元格的背景色进行设置，效果如图 2-79 所示。

图 2-79 制作其他效果

23 在文档中可以看到空白间隙，在【属性】面板中单击【页面属性】按钮，打开【页面属性】对话框，选择【分类】列表框中的【外观 (HTML)】，单击【背景图像】右侧的【浏览】按钮，如图 2-80 所示。

图 2-80 【页面属性】对话框

24 在打开的【选择图像源文件】对话框中选择"工艺品网设计\祥云背景.jpg"素材文件,单击【确定】按钮后,返回到【页面属性】对话框,单击【确定】按钮,效果如图2-81所示。

图2-81 设置背景后的效果

25 最后将场景进行保存,可以按F12键通过浏览器预览网页效果,还可以通过切换至实时视图中查看效果。

2.2.1 设置表格属性

创建完表格后,如果对创建的表格不满意,或想让创建的表格更加美观,可以对表格的属性进行设置。

下面介绍设置表格属性的方法。

01 在菜单栏中选择【插入】|Table命令,在弹出的Table对话框中,将【行数】设置为5,将【列】设置为10,将【表格宽度】设置为300像素,将【边框粗细】设置为1像素,如图2-82所示。

02 单击【确定】按钮,完成表格创建,如图2-83所示。

图2-82 Table对话框

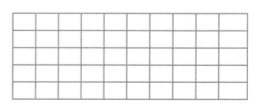

图2-83 创建的表格

03 然后选择创建的表格,如图2-84所示。

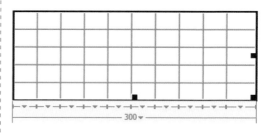

图2-84 选择需要修改属性的表格

04 在【属性】面板中,将【宽度】设置为400,将CellPad设置为3,将CellSpace设置为2,将Align设置为【居中对齐】,将Border设置为4,将Class设置为无,如图2-85所示。

图2-85 设置表格属性

05 设置表格属性后的效果如图2-86所示。

> **提 示**
> 将光标插入单元格中,在【属性】面板中也可以对单元格属性进行设置。

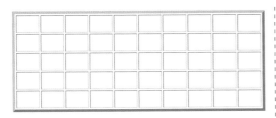

图2-86　设置效果

2.2.2 选定整个表格

在编辑表格时，首先要选中表格。在Dreamweaver CC 中，提供了多种选择表格的方法。

- 单击表格中任意一个单元格的边框线，即可选中整个表格，如图 2-87 所示。

图2-87　单击边框线

- 将光标置入表格的任意一个单元格中，在菜单栏中选择【编辑】|【表格】|【选择表格】命令，如图 2-88 所示，即可选择整个表格。

图2-88　选择【选择表格】命令

- 将光标置入任意单元格中，在状态栏的标签选择器中单击 table 标签，即可选中整个表格，如图 2-89 所示。

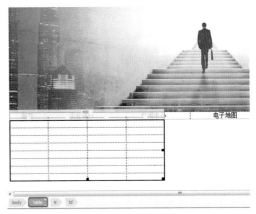

图2-89　单击table标签

- 将光标置入任意单元格中，并单击鼠标右键，在弹出的快捷菜单中选择【表格】|【选择表格】命令，即可选中整个表格，如图 2-90 所示。

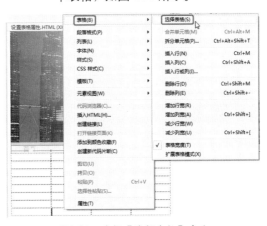

图2-90　选择【选择表格】命令

- 将光标移动到表格边框的附近位置，当光标变成 形状时，单击鼠标左键，即可选中整个表格，如图 2-91 所示。
- 在【代码】视图中，找到表格代码区域，拖动选择 <table> 至 </table> 标签之间的代码区域，即可选中整个单元格，如图 2-92 所示。

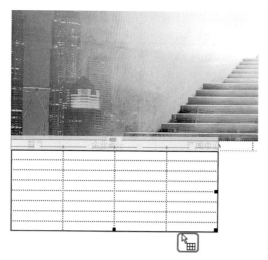

图2-91 单击选择整个表格

图2-93 选择需要移动的单元格

图2-92 选择代码

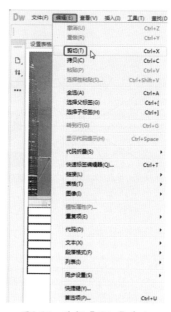

图2-94 选择【剪切】命令

2.2.3 剪切、粘贴表格

在创建表格后，如果想要对表格进行移动，那么可以通过使用剪切和粘贴命令来完成，具体操作步骤如下。

01 选择需要移动的多个单元格，如图2-93所示。

02 在菜单栏中选择【编辑】|【剪切】命令，剪切选定单元格，如图2-94所示。

03 将光标放置在需要粘贴的表格右侧，在菜单栏中选择【编辑】|【粘贴】命令，如图2-95所示。

04 选择该命令后，即可粘贴表格，效果如图2-96所示。

> **提 示**
>
> 剪切多个单元格时，所选的连续单元格必须为矩形。对表格整个行或列进行剪切时，则会将整个行或列从原表格中删除，而不仅仅是剪切单元格内容。

图2-95 选择【粘贴】命令

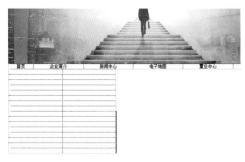

图2-96 粘贴表格效果

2.2.4 选择表格行、列

在 Dreamweaver CC 中提供了多种选择表格行或列的方法，下面对这些方法进行介绍。

- 将光标放置在表格的行首，变成 ➡ 形状时单击鼠标左键，即可选中表格的行，如图 2-97 所示。将光标放置在列首，当变成 ⬇ 形状时单击鼠标左键，即可选定表格的列，如图 2-98 所示。

图2-97 选择表格的行

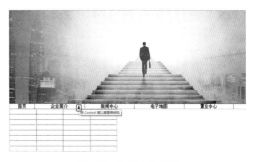

图2-98 选择表格的列

- 按住鼠标左键不放，从左至右或者从上至下拖曳，即可选中行或列。图 2-99 所示为选择行后的效果。

图2-99 选择表格的行

- 将光标置入某一行或列的第一个单元格中，按住 Shift 键，单击该行或列的最后一个单元格，即可选择该行或列。图 2-100 所示为选择列后的效果。

图2-100 选择表格的列

2.2.5 添加行或列

下面介绍添加行或列的几种方法。

- 将光标放置在单元格中，在菜单栏中选择【编辑】|【表格】|【插入行或列】命令，如图 2-101 所示，即可在插入点上方或左侧插入行或列。

图2-101 选择【插入行或列】命令

- 将光标置入任意单元格中,并单击鼠标右键,在弹出的快捷菜单中选择【插入行】或【插入列】命令,系统将会自动弹出【插入行或列】对话框,如图 2-102 所示。在对话框中可以选择插入【行】或【列】,并设置添加行数或列数以及插入位置。如图 2-103 所示为插入多行后的效果。

图2-102 【插入行或列】对话框

图 2-103 插入多行后的效果

- 单击列标题菜单,根据需要在弹出的下拉菜单中选择【左侧插入列】或【右侧插入列】命令,如图 2-104 所示,即可插入所需的行或列。如图 2-105 所示为插入列后的效果。

图2-104 插入所需的表格

图2-105 插入列后的效果

> **提示**
> 将光标放置在表格最后一个单元格中,按 Tab 键会自动在表格中添加一行。

2.2.6 删除行或列

下面介绍删除行或列的方法。

- 将光标放置在要删除的行或列中的任意单元格中,在菜单栏中选择【编辑】|【表格】|【删除行】或【删除列】命令,如图 2-106 所示。

图2-106 删除行或列

- 将光标放置在要删除的行或列中的任意单元格中，单击鼠标右键，在弹出的快捷菜单中选择【表格】|【删除行】或【删除列】命令，如图2-107所示。

> **提示**
> 选择要删除的行或列，按Delete键可以直接删除。使用Delete键删除行或列时，可以删除多行或多列，但不能删除所有行或列。

图2-107　在快捷菜单中选择【删除行】或【删除列】命令

2.2.7　选择一个单元格

将表格选中后，表格的四周将会出现黑色的边框；选中某个单元格后，也会出现黑色的边框，选中后可以对其进行编辑。下面介绍选择单个单元格的几种方法。

- 将光标放在需要被选中的单元格上方，按住鼠标左键不放，从单元格的左上角拖拽至右下角，即可选中一个单元格，如图2-108所示。

图2-108　选中一个单元格

- 将光标放置在需要被选中的单元格中，按Ctrl+A组合键，即可选中一个单元格，如图2-109所示。

图2-109　按Ctrl+A组合键选中单元格

- 按住Ctrl键，在需要选择的单元格上单击鼠标左键，即可选中一个单元格，如图2-110所示。

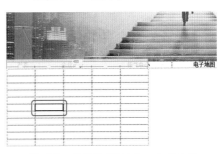

图2-110　按住Ctrl键选中一个单元格

- 将光标放置在一个单元格中，在状态栏的标签选择器中单击<td>标签，即可选中一个单元格，如图2-111所示。

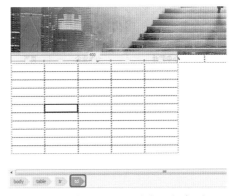

图2-111　单击<td>标签选中一个单元格

2.2.8　合并单元格

合并单元格是指将多个连续的单元格合

并为一个单元格。合并单元格的具体操作步骤如下。

01 在文档窗口中，选择需要合并的单元格，如图2-112所示。

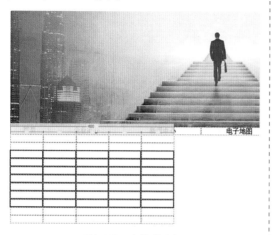

图2-112　选择单元格

执行下列操作之一即可合并单元格：

- 在所选单元格中单击鼠标右键，在弹出的快捷菜单中选择【表格】|【合并单元格】命令，如图2-113所示。

图2-113　选择【合并单元格】命令

- 在菜单栏中选择【编辑】|【表格】|【合并单元格】命令，如图2-114所示。
- 在【属性】面板中单击所选单元格，单击【合并单元格】按钮，即可合并单元格，如图2-115所示。

> 🏷️ **提　示**
>
> 　　选择以上操作之一，可以完成单元格的合并。合并单元格后，所选第一个单元格属性将应用于合并的单元格中。

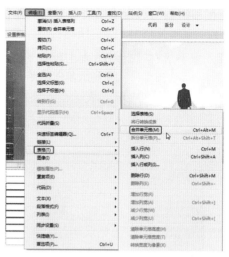

图2-114　选择【合并单元格】命令

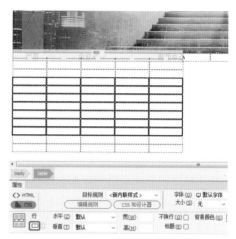

图2-115　单击【合并单元格】按钮

2.2.9　拆分单元格

在拆分单元格时，可以将单元格拆分为行和列。下面介绍拆分单元格的方法。

- 将光标放置在需要拆分的单元格中，单击鼠标右键，在弹出的快捷菜单中选择【表格】|【拆分单元格】命令，如图2-116所示。在弹出的【拆分单元格】对话框中，设置单元格拆分的行或列以及数目，单击【确定】按钮，如图2-117所示。即可完成拆分单元格操作。

第2章 艺术爱好类网页设计——表格化网页布局

图2-116 选择【拆分单元格】命令

图2-119 【拆分单元格为行或列】按钮

图2-117 【拆分单元格】对话框

- 将光标放置在需要拆分的单元格中，在菜单栏中选择【编辑】|【表格】|【拆分单元格】命令，如图2-118所示。然后在弹出的【拆分单元格】对话框中进行设置。

- 将光标放置在需要拆分的单元格中，在【属性】面板中单击【拆分单元格为行或列】按钮 ，如图2-119所示。然后在弹出的【拆分单元格】对话框中进行设置。

➡ 2.3 制作婚纱摄影网页——调整表格大小

本例将介绍如何制作婚纱摄影网页。在制作这类网页时，需要注意突出主题，通过大量的婚纱照片给网页内容带来丰富感。完成后的效果如图2-120所示。

图2-120 婚纱摄影网页

图2-118 选择【拆分单元格】命令

素材	素材\Cha02\"婚纱摄影网页"文件夹
场景	场景\Cha02\制作婚纱摄影网页——调整表格大小.html
视频	视频教学\Cha02\ 2.3 制作婚纱摄影网页——调整表格大小.avi

01 启动 Dreamweaver CC 软件后，按 Ctrl+N 组合键，弹出【新建文档】对话框，选择【空白页】|HTML|【无】选项，单击【创建】按钮，如图 2-121 所示。

图 2-121 新建文档

02 新建文档后，在文档底部的【属性】面板中选择 CSS，然后单击【页面属性】按钮，弹出【页面属性】对话框，在【分类】列表框中选择【外观（CSS）】选项，将【左边距】、【右边距】、【上边距】、【下边距】均设置为 0px，设置完成后单击【确定】按钮，如图 2-122 所示。

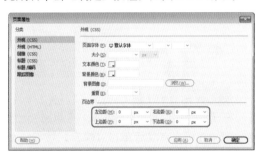

图 2-122 设置页面属性

03 按 Ctrl+Alt+T 组合键，弹出 Table 对话框，将【行数】设置为 1，将【列】设置为 1，将【表格宽度】设置为 1000 像素，将【边框粗细】、【单元格边距】和【单元格间距】均设置为 0，如图 2-123 所示。

04 将光标置于创建的单元格中，在【属性】面板中将【高】设置为 160，然后单击【拆分】按钮。在代码区找到光标，将其移动到 td 的后面，如图 2-124 所示。

图 2-123 设置表格

图 2-124 插入光标

05 插入光标后，按空格键，在弹出的下拉列表中选择并双击 background 选项，弹出【浏览】按钮。双击该按钮，在弹出的【选择文件】对话框中选择"婚纱摄影网页\03.png"素材文件，如图 2-125 所示。

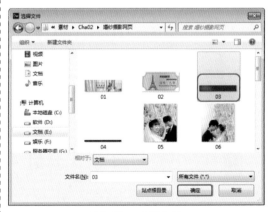

图 2-125 选择文件

06 将光标置于创建的表格中，再次插入一个 1 行 2 列的单元格。在【属性】面板中选择两列单元格，将【宽】设置为 35%，将【高】设置为 160，将光标置于第 1 列单元格中，将【水平】设置为【居中对齐】，如图 2-126 所示。

图2-126 设置表格属性

07 确认光标在第1列单元格中，按Ctrl+Alt+I组合键，在弹出的对话框中选择"婚纱摄影网页\02.png"素材文件，如图2-127所示。

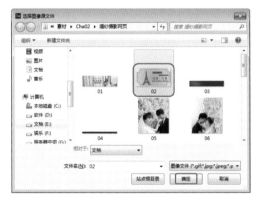

图2-127 选择素材

08 单击【确定】按钮，返回到场景文件中，查看效果，如图2-128所示。

图2-128 插入素材图片

09 将光标置于第2列单元格，在【属性】面板中，将【水平】设置为【居中对齐】，并在第2列单元格中输入【来自法国巴黎 做婚纱我们更专业】文本，将【字体】设置为【华文楷体】，将【大小】设置为33px，将字体颜色设置为白色，完成后的效果如图2-129所示。

图2-129 输入并设置文本

10 在菜单栏中执行【插入】|Div命令，弹出【插入Div】对话框，将【插入】设置为【在标签开始之后】|<body>，将ID设置为A1，如图2-130所示。

图2-130 【插入Div】对话框

11 单击【新建CSS规则】按钮，在弹出的【新建CSS规则】对话框中，系统会自动给该Div命名为选择器的名称。保持默认设置，单击【确定】按钮，如图2-131所示。

图2-131 设置CSS规则

12 弹出【#A1的CSS规则定义】对话框，将【分类】设置为【定位】，将Position设置为absolute，完成后单击【确定】按钮，如图2-132所示。

13 返回到【插入Div】对话框，单击【确定】按钮，此时创建的Div就会出现在文档的开始处。删除文本内容，选择该Div，在【属性】面板中，将【左】、【上】、【宽】和【高】分别设置为0px、160px、1000px、43px，如图2-133所示。

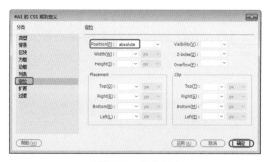

图2-132 定义CSS

图2-133 创建Div

14 继续选择该Div，在【属性】面板中单击【背景图像】后面的文件夹按钮，弹出【选择图像源文件】对话框，选择"婚纱摄影网页\04.png"素材文件，完成后的效果如图2-134所示。

图2-134 设置背景图像

15 在上一步创建的Div中，插入一个1行8列的单元格，将【单元格宽度】设置为100%，手动对单元格的大小进行调整，并在【属性】面板中，将【水平】设置为【居中对齐】，将【高】设置为43，完成后的效果如图2-135所示。

图2-135 设置单元格的属性

16 在单元格中输入文本，在【属性】面板中将【字体】设置为【微软雅黑】，将【大小】设置为16px，将字体颜色设置为#f57703，完成后的效果如图2-136所示。

17 继续插入一个可以活动的Div，在【属性】面板中将【左】、【上】、【宽】和【高】分别设置为0px、205px、1000px、300px，并在其中插入"婚纱摄影网页\01.png"素材文件，如图2-137所示。

图2-136 输入文本

图2-137 插入素材图片

18 再次插入一个Div，在【属性】面板中将【左】、【上】、【宽】和【高】分别设置为0px、507px、1000px、38px，效果如图2-138所示。

图2-138 插入Div

19 在上一步创建的Div中插入一个1行2列的单元格，将【表格宽度】设置为100%，将光标置于第1列单元格内，在【属性】面板中将【宽】和【高】分别设置为200、38，并在其中输入文本，将【字体】设置为【微软雅黑】，将【大小】设置为30，将字体颜色设置为#4e250c，如图2-139所示。

图2-139 输入文本

第 ② 章 艺术爱好类网页设计——表格化网页布局

20 将光标置于第2列单元格，配合空格键输入文本，在【属性】面板中将【字体】设置为【微软雅黑】，将【大小】设置为16，将字体颜色设置为#4e250c，将【水平】设置为【右对齐】，完成后的效果如图2-140所示。

图2-140　输入文本

21 再次插入一个活动的Div，在【属性】面板中将【左】、【上】、【宽】和【高】分别设置为 0px、548px、1000px、18px，将【背景颜色】设置为 #5f3111，如图2-141所示。

图2-141　插入Div

22 再次插入一个活动的Div，在【属性】面板中将【左】、【上】、【宽】和【高】分别设置为 10px、569px、980px、550px，并在其内插入一个2行4列的单元格，将【表格宽度】设置为100%，如图2-142所示。

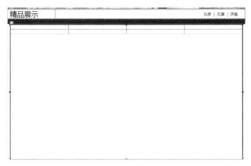

图2-142　插入Div

23 在场景中选择所有的单元格，在【属性】面板中，将【水平】设置为【居中对齐】，将【垂直】设置为【居中】，将【宽】和【高】分别设置为245、275，完成后的效果如图2-143所示。

图2-143　设置表格属性

24 使用前面讲过的方法，在创建的表格中插入素材图片，完成后的效果如图2-144所示。

图2-144　插入素材图片

25 使用同样的方法制作网页的其他部分，完成后的效果如图2-145所示。

图2-145　完成后的效果

26 再次插入一个活动Div，在【属性】面板中将【左】、【上】、【宽】和【高】分别设置为 0px、1735px、1000px、50px，如图2-146所示。

57

图2-146 插入Div

27 将光标置于上一步创建的Div中,并在其内插入1行1列的单元格,在【属性】面板中将【高】设置为50,并在单元格中输入文本,将【字体】设置为【微软雅黑】,将【大小】设置为30px,将字体颜色设置为#4e250c,完成后的效果如图2-147所示。

图2-147 输入文字

28 再次插入一个活动的Div,在【属性】面板中将【左】、【上】、【宽】和【高】设置为0px、1786px、1000px、18px,并将【背景颜色】设置为#5f3111,如图2-148所示。

图2-148 插入Div

29 继续插入一个活动的Div,在【属性】面板中将【左】、【上】、【宽】和【高】设置为0px、1807px、1000px、50px,并在其中插入一个1行10列的单元格,在【属性】面板中将【水平】设置为【居中对齐】,将【宽】和【高】分别设置为100、50,如图2-149所示。

图2-149 设置单元格和Div

30 在上一步创建的单元格内输入文本,将【字体】设置为【微软雅黑】,将【大小】设置为14,将字体颜色设置为#4e250c,完成后的效果如图2-150所示。

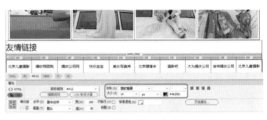

图2-150 输入文本

31 继续插入一个活动的Div,在【属性】面板中将【左】、【上】、【宽】和【高】分别设置为0px、1858px、1000px、80px,并在其中插入一个1行1列的单元格,在【属性】面板中将【水平】设置为【居中对齐】,将【高】设置为80,将【背景颜色】设置为#4e250c,如图2-151所示。

图2-151 插入Div

32 在上一步创建的表格内输入文本,将【字体】设置为【微软雅黑】,将【大小】设置为14,将字体颜色设置为白色,完成后的效果如图2-152所示。

图2-152　输入文本

2.3.1 调整整个表格大小

调整表格大小的具体操作方法如下。

- 选中整个表格，表格的右侧、底部或右下会出现选择柄，拖动表格的选择柄，可对表格的宽度和高度进行调整，如图2-153所示。

图2-153　调整表格选择柄

- 选中整个表格，在【属性】面板的【宽】文本框中输入数值，调整表格宽度，如图2-154所示。设置完宽度后，效果如图2-155所示。

图2-154　设置表格的宽度

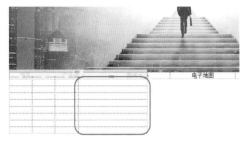

图2-155　设置完宽度效果

2.3.2 调整行高或列宽

在创建的表格中，可以根据需要对表格的行高、列宽进行设置。如果更改文档窗口中单元格的大小，只能更改文档窗口中单元格的可视大小，不能更改单元格的实际宽度和高度。下面对如何调整表格的行高、列宽进行详细介绍。

01 选择需要调整的表格行的下边框，按住鼠标左键进行拖动，对行高进行调整，如图2-156所示。

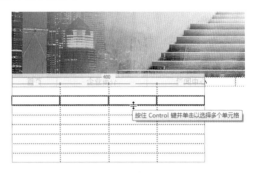

图2-156　拖动行的下边框

02 调整完成后的效果如图2-157所示。

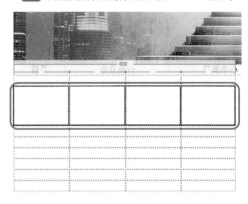

图2-157　拖动行的下边框的效果

03 拖动需要调整列的右边框，对列宽进行调整，如图2-158所示。

04 调整完成后的效果如图2-159所示。

> **提示**
> 拖动边框时按住Shift键，可以保持其他列宽不变，表格宽度会随列宽的改变进行更改。

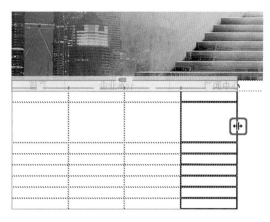

图2-158 拖动列的右边框

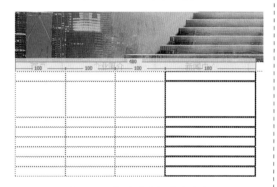

图2-159 拖动列边框后的效果

2.3.3 表格排序

表格排序功能主要针对具有格式数据的表格，是根据表格列表中的内容来排序的，具体操作步骤如下。

01 启动 Dreamweaver CC 软件，按 Ctrl+N 组合键，弹出【新建文档】对话框，选择【新建文档】|HTML|【无】选项，单击【创建】按钮，如图 2-160 所示，新建 HTML 文档。

图2-160 新建HTML文档

02 在菜单栏中选择【插入】|Table 命令，如图 2-161 所示。

图2-161 选择Table命令

03 打开 Table 对话框，在其中设置表格的基本属性，如行数、列、表格宽度等，如图 2-162 所示。

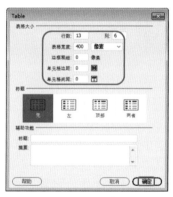

图2-162 Table对话框

04 单击【确定】按钮，插入表格后的效果如图 2-163 所示。

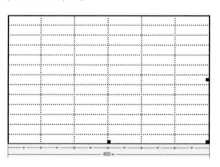

图2-163 插入表格效果

05 在插入的表格中输入文本，如图 2-164 所示。

姓名	语文	数学	英语	地理	生物
张雪	96	87	69	78	96
李颖	85	79	85	92	69
王坷	88	69	79	83	92
张瑶	86	96	87	78	69
罗伊	58	69	96	82	44
史晓伟	85	92	63	78	96
蔡明远	85	91	86	79	65
魏志宏	75	69	91	78	78
梁菲菲	69	92	80	78	69
郑源	96	68	79	69	78
朱志伟	80	69	85	76	96
张晓明	85	69	60	62	78

图2-164　输入文本

06 选择表格，或将光标放置在任意单元格中。在菜单栏中选择【编辑】|【表格】|【排序表格】命令，如图 2-165 所示。

图2-165　选择【排序表格】命令

07 系统将自动弹出【排序表格】对话框，然后进行设置，如图 2-166 所示。

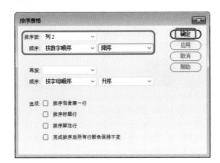

图2-166　【排序表格】对话框

08 设置完成后，单击【确定】按钮，即可完成表格排序，如图 2-167 所示。

姓名	语文	数学	英语	地理	生物
郑源	96	68	79	69	78
张雪	96	87	69	78	96
王坷	88	69	79	83	92
张瑶	86	96	87	78	69
史晓伟	85	92	63	78	96
张晓明	85	69	60	62	78
蔡明远	85	91	86	79	65
李颖	85	79	85	92	69
朱志伟	80	69	85	76	96
魏志宏	75	69	91	78	78
梁菲菲	69	92	80	78	69
罗伊	58	69	96	82	44

图2-167　表格排序效果

在【排序表格】对话框中可以对以下选项进行设置。

- 【排序按】：确定根据哪个列的值对表格进行排序。
- 【顺序】：可以选择【按字母顺序】和【按数字顺序】两种排序方式，以及是以【升序】还是【降序】进行排列。
- 【再按】：确定将在另一列上应用的第几种排序方法。
- 【顺序】：选择第二种排序方法的排序顺序。
- 【排序包含第一行】：指定将表格的第一行包括在排序中。如果第一行不移动，则不需选择此复选框。
- 【排序标题行】：指定使用与主体行相同的条件对表格的 <thead> 部分中的所有行进行排序。
- 【排序脚注行】：指定按照与主体行相同的条件对表格的 <tfoot> 部分中的所有行进行排序。
- 【完成排序后所有行颜色保持不变】：指定排序之后表格行属性应该与同一内容保持关联。

2.4 上机练习——家居网站设计

下面将讲解如何制作家居网站，主要使用插入表格命令和插入图像命令，完成后的效果如图2-168所示。

图2-168 家居网站设计

素材	素材\Cha02\"家居网设计"文件夹
场景	场景\Cha02\上机练习——家居网站设计.html
视频	视频教学\Cha02\ 2.4 上机练习——家居网站设计.avi

01 启动 Dreamweaver CC 软件后，按 Ctrl+N 组合键，打开【新建文档】对话框，选择【新建文档】|HTML 选项，将【文档类型】设置为 HTML5，单击【创建】按钮，如图 2-169 所示。

图2-169 【新建文档】对话框

02 进入工作界面后，在菜单栏中选择【插入】|Table 命令，也可以按 Ctrl+Alt+T 组合键执行 Table 命令，如图 2-170 所示。

图2-170 选择Table命令

03 在 Table 对话框中将【行数】设置为 1，将【列】设置为 9，将【表格宽度】设置为 800 像素，其他参数均设置为 0，单击【确定】按钮，如图 2-171 所示。

图2-171 Table对话框

04 将光标置于第 1 列单元格，在【属性】面板中将【宽】设置为 135，如图 2-172 所示。

图2-172　设置单元格

05 在其他单元格中输入文本，适当调整表格的宽度，并选中带有文本的单元格，在下方的【属性】面板中将【大小】设置为 12 px，如图 2-173 所示。

图2-173　设置单元格中文本的大小

06 将光标置于右侧的表格外，按 Enter 键换至下一行。再次按 Ctrl+Alt+T 组合键，打开 Table 对话框，将【行数】设置为 1，将【列】设置为 4，将【表格宽度】设置为 800 像素，将【单元格间距】设置为 2，其他参数均设置为 0，单击【确定】按钮，如图 2-174 所示。

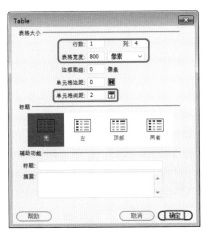

图2-174　设置新的表格

07 将光标置于第 1 列单元格，按 Ctrl+Alt+I 组合键，打开【选择图像源文件】对话框，选择"家居网设计\标志.jpg"素材文件，单击【确定】按钮，如图 2-175 所示。

图2-175　选择素材

08 确认光标还在上一步插入的单元格中，在【属性】面板中将【宽】设置为 144，如图 2-176 所示。

图2-176　设置单元格

09 选中第 2 列单元格，在【属性】面板中单击【拆分单元格或列】按钮，即可弹出【拆分单元格】对话框，选中【行】单选按钮，将【行数】设置为 2，单击【确定】按钮，如图 2-177 所示。

图2-177　【拆分单元格】对话框

10 将光标插入到上一步拆分的第 1 行中，在菜单栏中选择【插入】|【表单】|【搜索】命令，即可插入搜索框。将多余文本删除，然后在下方的【属性】面板中将 Size 设置为 40，在 Value 文本框中输入【衣柜】，如图 2-178 所示。

图2-178　插入搜索框并设置属性

11 确认光标还在上一步插入的单元格中，在菜单栏中选择【插入】|【表单】|【按钮】命令，即可插入一个按钮。在下方的【属

性】面板的 Value 文本框中输入【搜索】,如图 2-179 所示。

图 2-179 设置按钮属性

知识链接:按钮

按钮可以在单击时执行操作。可以为按钮添加自定义名称或标签,或者使用预定义的【提交】或【重置】标签。使用按钮可将表单数据提交到服务器,或者重置表单,还可以指定其他已在脚本中定义的处理任务。例如,可以使用按钮根据指定的值计算所选商品的总价。

12 确认光标在上一步插入的单元格,在【属性】面板中将【垂直】设置为【底部】,将【宽】设置为 402,将【高】设置为 59,如图 2-180 所示。

图 2-180 设置单元格

13 在下一行单元格中输入文本,并将其选中,将【垂直】设置为【顶端】,将【大小】设置为 12px,将颜色设置为 #F60,如图 2-181 所示。

图 2-181 设置文本格式

14 选中第 3 列单元格,使用前面介绍的方法拆分单元格,并将光标置于拆分后的第二个单元格中,在【属性】面板中将【高】设置为 30,然后输入文本,并将【大小】设置为 15 px,如图 2-182 所示。

图 2-182 设置单元格

15 确认光标在上一步的单元格中,在【文档】栏中单击【拆分】按钮,切换至拆分视图。在打开的界面中,找到上一步输入的文本,并在该文本所在段落初始处的 <td 右侧插入光标,如图 2-183 所示。

图 2-183 插入光标

16 按空格键,弹出选项面板,选择 background 选项,如图 2-184 所示。

图 2-184 选项面板

17 执行上一步操作后,将弹出【浏览】按钮,双击该按钮,即可打开【选择文件】对话框,选择"家居网设计\底图 1.jpg"素材文件,单击【确定】按钮,如图 2-185 所示。

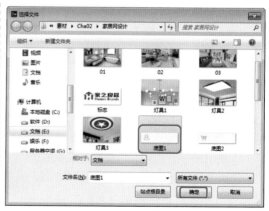

图 2-185 选择素材文件

18 返回到文档中,在【文档】栏中单击【设计】按钮,切换至【设计】视图,效果如图 2-186 所示。

图 2-186 【设计】视图

19 调整单元格边框至合适的位置,并在该单元格中的文本前加入空格,调整文本的位置,如图 2-187 所示。

图 2-187 调整单元格

20 使用同样的方法制作右侧单元格的效果,并将其中的文本颜色设置为红色,制作后的效果如图 2-188 所示。

图 2-188 制作其他单元格效果

21 使用前面介绍的方法插入 1 行 7 列的单元格,将【单元格间距】设置为 0,并分别设置单元格的宽和高,效果如图 2-189 所示。

图 2-189 插入表格

22 选中新插入的单元格,在【属性】面板的【背景颜色】文本框中输入 #DF241B,按 Enter 键确认,如图 2-190 所示。

图 2-190 设置单元格背景颜色

23 使用前面介绍的方法,在各个单元格中输入文本。选中新输入的文本,在【属性】面板中将颜色设置为白色,然后单击 <> HTML 按钮,切换面板,单击【粗体】按钮 B,如图 2-191 所示。

图 2-191 输入文本并加粗

> **提 示**
>
> 除此之外,用户还可以按 Ctrl+B 组合键对文本进行加粗,或在菜单栏中选择【格式】|【HTML 样式】|【加粗】命令来体现加粗效果。

24 使用同样的方法设置其他文本,并使用同样的方法插入表格,制作具有类似效果的单元格,如图 2-192 所示。

图 2-192 设置单元格效果

25 在新插入表格的空白单元格中单击鼠标,插入光标。按 Ctrl+Alt+I 组合键,打开【选择图像源文件】对话框,选择"家居.jpg"素材文件,单击【确定】按钮,将图片的【宽】、【高】分别设置为 601px、252px,如图 2-193 所示。

26 根据前面介绍的方法,插入表格和图像,输入并设置文本,制作出其他的效果,效果如图 2-194 所示。

图2-193 插入素材

2.5 思考与练习

1. 如何设置表格属性？
2. 在表格中如何添加行或列？
3. 如何拆分单元格？

图2-194 制作出其他效果

第 3 章 生活服务类网页设计——使用图像与多媒体美化网页

本章将介绍网页图像的基础知识,使读者能够灵活掌握和运用网页图像的使用方法和技巧。

基础知识
- 插入网页图像
- 设置图像大小

重点知识
- 鼠标经过图像
- 背景图像

提高知识
- 插入 Flash SWF 动画
- 插入声音

无论是个人网站还是企业网站,图像和文本一样,都是网页中不可缺少的基本元素,通过图像美化后的网页,更加活泼、简洁,能吸引更多浏览者的注意力。

3.1 制作鲜花网网页——在网页中添加图像

鲜花主要用于美化环境、人际交往，各种不同的鲜花有不同的意义。不同的花语，在送花的时候也有许多学问。根据所要表达的含义，选择恰当的花，才能体现出送花的意义和价值。本案例将介绍如何制作鲜花网网页，效果如图3-1所示。

图3-1 鲜花网网页

素材	素材\Cha03\"鲜花网网页"文件夹
场景	场景\Cha03\制作鲜花网网页——在网页中添加图像.html
视频	视频教学\Cha03\3.1 制作鲜花网网页——在网页中添加图像.mp4

01 启动 Dreamweaver CC 软件，按 Ctrl+O 组合键，在弹出的对话框中选择"鲜花网网页素材.html"素材文件，如图3-2所示。

图3-2 选择素材文件

02 单击【打开】按钮，即可将选中的素材文件打开，效果如图3-3所示。

图3-3 打开的素材文件

03 在页面中选择如图3-4所示的单元格。

图3-4 选择单元格

04 在菜单栏中选择【插入】|Image 命令，如图3-5所示。

05 在弹出的对话框中选择"鲜花网网页\01.jpg"素材文件，如图3-6所示。

06 单击【确定】按钮，即可将选中的素材文件插入至文档中，如图3-7所示。

第 3 章　生活服务类网页设计——使用图像与多媒体美化网页

图 3-5　选择 Image 命令

图 3-6　选择素材文件

图 3-7　插入图片后的效果

07 将光标置于【粉红恋人】上方的单元格中，按 Ctrl+Alt+I 组合键，在弹出的对话框中选择"鲜花网网页\花 1.jpg"素材文件，如

图 3-8 所示。

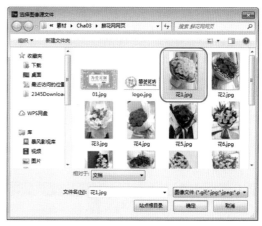

图 3-8　选择素材图片

08 单击【确定】按钮，即可将选中的素材图片插入至文档中，如图 3-9 所示。

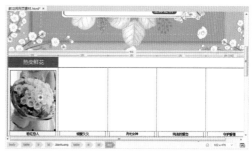

图 3-9　插入图片

09 使用相同的方法插入其他素材图片，效果如图 3-10 所示。

图 3-10　插入其他图像文件后的效果

69

知识链接：网页和网站

网站是由网页组成的，而大家通过浏览器看到的画面就是网页，网页是一个 HTML 文件。

1. 网页的认识

网页是构成网站的基本元素，是将文字、图形、声音及动画等各种多媒体信息相互链接起来而构成的一种信息表达方式，也是承载各种网站应用的平台。网页一般由站标、导航栏、广告栏、信息区和版权区等部分组成，如图 3-11 所示。

图 3-11　网页的组成

在访问一个网站时，首先看到的网页一般称为该网站的首页。网站首页是一个网站的入口网页，因此往往会被编辑的使浏览者易于了解该网站，如图 3-12 所示。

图 3-12　首页

首页只是网站的开场页，单击页面上的文字或图片，即可打开网站的子页，如图 3-13 所示，而首页也随之关闭。

网站主页与首页的区别在于：主页设有网站的导航栏，是所有网页的链接中心。但多数网站的首页与主页通常合为一体，即省略了首页而直接显示主页，在这种情况下，它们指的是同一个页面，如图 3-14 所示。

图 3-13　子页

图 3-14　将首页与主页合为一体的网站

2. 网站的认识

网站就是在 Internet 上通过超级链接的形式构成的相关网页的集合。人们可以通过网页浏览器来访问网站，获取自己需要的资源或享受网络提供的服务。如果一个企业建立了自己的网站，那么就可以更加直观地在 Internet 中宣传公司产品，展示企业形象。

根据网站用途的不同，可以将网站分为门户网站、行业网站和个人网站 3 个类型。

门户网站是指通向某类综合性互联网信息资源并提供有关信息服务的应用系统，是涉及领域非常广泛的综合性网站，如图 3-15 所示。

图 3-15　门户网站

行业网站即所谓行业门户，其拥有丰富的资讯信息和强大的搜索引擎功能，如图3-16所示。

图3-16 行业网站

所谓个人网站，就是由个人开发建立的网站，它在内容形式上具有很强的个性化，通常用来宣传自己或展示个人的兴趣爱好。

3．网站的设计及制作

对于一个网站来说，除了网页内容外，还要对网站进行整体规划设计。要设计出一个精美的网站，前期的规划是必不可少的。决定网站成功与否的很重要的一个因素在于它的构思，好的创意及丰富翔实的内容才能够让网页焕发出勃勃生机。

① 确定网站的风格和布局

在对网页插入各种对象、修饰效果前，要先确定网页的总体风格和布局。

网站风格就是网站的外衣，是指网站给浏览者的整体形象，包括站点的CI（标志、色彩、字体和标语）、版面布局、浏览互动、文字、内容、网站荣誉等诸多因素。

确定网页风格后，要对网页的布局进行调整规划，也就是确定网页上的网站标志、导航栏及菜单等元素的位置。不同网页的各种网页元素所处的位置也不同，一般情况下，重要的元素放在突出位置。

常见的网页布局有【同】字型、【厂】字型、标题正文型、封面型等。

【同】字型，也可以称为【国】字型，是一些大型网站常用的页面布局，特点是内容丰富、链接多、信息量大。网站的最上面是网站的标题以及横幅广告栏；接下来是网站的内容，被分为3列，中间是网站的主要内容；最下面是版权信息等，如图3-17所示。

【厂】字型布局的特点是内容清晰、一目了然，网站的最上面是网站的标题以及横幅广告条，左侧是导航链接，右侧是正文信息区，如图3-18所示。

标题正文型布局的特点是内容简单，上部是网站标志和标题，下部是网站正文，如图3-19所示。

图3-17 【同】字型

图3-18 【厂】字型

图3-19 标题正文型

封面型布局更比较接近于平面设计艺术，这种类型基本上是出现在一些网站的首页，一般为设计精美的图片或动画，多用于个人网页。如果处理得好，会给人带来赏心悦目的感觉。

② 收集资料和素材

先根据网站建设的基本要求，收集资料和素材，包括文本、音频动画、视频及图片等。资料收集的越充分，制作网站就越容易。搜集素材的时候，不仅可以在网站上搜索，还可以自己制作。

③ 规划站点

资料和素材收集完成后，就需要规划网站的布局和划分结构。对站点中所使用的素材和资料进行管理和规划，对网站中栏目的设置、颜色的搭配、版面的设计、文字图片的运用等进行规划，便于日后管理。

④ 制作网页

制作网页是一个复杂而细致的过程，一定要先按照先大后小、先简单后复杂的顺序来制作。所谓先大后小，就是在制作网页时，先把大的结构设计好，然后再逐步完善小的结构设计。所谓先简单后复杂，就是先设计出简单的内容，然后再设计复杂的内容，以便出现问题及时修改。

在网页排版时，要尽量保持网页风格的一致性，避免在网页跳转时产生不协调的感觉。在制作网页时，灵活运用模板，可以大大提高制作效率。将相同版面的网页做成模板，并基于此模板创建网页，以后想改变网页时，只需修改模板就可以了。

⑤ 测试站点

制作完成后，上传到测试空间进行网站测试。网站测试的内容主要是检查浏览器的兼容性、检查链接是否正确、检查多余标签、检查语法错误等。

⑥ 发布站点

在发布站点之前，首先应该申请域名和网络空间，同时还要对本地计算机进行相应的配置，以完成网站的上传。

可以利用上传工具将其发布到 Internet 上供大家浏览、观赏和使用。上传工具有很多，有些网页制作工具本身就带有 FTP 功能，利用这些 FTP 工具，可以很方便地把网站发布到所申请的网页服务器上。

⑦ 更新站点

网站要经常更新内容，保持内容的新鲜，只有不断地补充新内容，才能够吸引更多的浏览者。

如果一个网站中都是静态的网页，在网站更新时就需要增加新的页面，更新链接；如果是动态的页面，只需要在后台进行信息的发布和管理就可以了。

3.1.1　网页图像格式

从网页的视觉效果来说，恰当地使用图像才会使网页充满勃勃生机和说服力，而网页的风格也是需要依靠图像才能得以体现。不过，在网页中使用图像也不是没有任何限制的。准确地使用图像来体现网页的风格，同时又不影响浏览网页的速度，这是在网页中插入图像的基本要求。

如何才能恰当地使用图像？首先使用的图像素材要贴近网页风格，能够明确表达所要说明的内容，并且图片要富于美感，能够吸引浏览者的注意，并能够通过图片对网站产生兴趣。最好是用自己所制作的图片来体现设计意图，当然选择其他合适的图片经过加工和修改之后再运用到网页中也是可以的，但一定要注意版权问题。

其次，在选择美观、得体的图片的同时，还要注意图片的大小。相对而言，图像文件大小往往是文字的数百至数千倍，所以图像是导致网页文件过大的主要原因。过大的网页文件往往会造成浏览速度过慢等问题，所以尽量使用小一些的图像文件也是很重要的。

图像文件包含很多种格式，但是在网页中通常使用的只有 3 种，即 GIF、JPEG 和 PNG。下面就来详细介绍这 3 种格式的特点。

1. GIF 格式

GIF 是一种压缩的 8 位图像文件，是用于压缩具有单调颜色和清晰细节的图像（如线状图、徽标或带文字的插图）的标准格式。它所采用的压缩方式是无损的，可以方便地解决跨平台的兼容性问题。所以这种格式的文件大多用在网络上，传输速度要比传输其他格式的图像文件快得多。此格式文件最大的缺点是最多只能处理 256 种色彩。

这种图像占用磁盘空间小，支持透明背景并且支持动画效果，曾经一度被应用在计算机教学、娱乐等软件中，也是人们较为喜爱的 8 位图像格式，在网页中多数用于图标、按钮、滚动条和背景等处。

2. JPEG 格式

JPEG 是最常用的图像文件格式，是一种有损压缩格式，能够将图像压缩在很小的存储空间，图像中重复或者不重要的资料会被丢失，因此容易造成图像数据的损伤。

JPEG 格式支持大约 1670 万种颜色，因此主要应用于摄影图片的存储和显示，尤其是色彩丰富的大自然照片。在压缩前，可以从对话框中选择所需图像的最终质量，这样，就有效地控制了 JPEG 在压缩时的损失数据量。通常可以通过压缩 JPEG 文件在图像品质和文件大小之间达到良好的平衡。

另外，用 JPEG 格式，可以将当前所渲染的图像输入到 Macintosh 机上做进一步处理，或将 Macintosh 制作的文件以 JPEG 格式再现于 PC 机上。总之，JPEG 是一种极具价值的文件格式。

3. PNG 格式

PNG 是 20 世纪 90 年代中期开始开发的图像文件存储格式。PNG 图像可以是灰阶的（位深可达 16bit）或彩色的（位深可达 48bit），为缩小文件尺寸，它还可以是 8bit 的索引色。PNG 使用高速交替显示方案，可以迅速地显示，只要下载 1/64 的图像信息就可以显示出低分辨率的预览图像。与 GIF 格式不同，PNG 格式不支持动画。

PNG 用于存储 Alpha 通道定义文件中的透明区域，以确保将文件存储为 PNG 格式之前，删除那些不需要的 Alpha 通道。

另外，PNG 采用无损压缩方式来减少文件的大小，能把图像文件大小压缩到极限，以利于网络的传输，却不失真。PNG 格式文件可保留所有原始层、向量、颜色和效果信息，并且在任何时候所有元素都是可以完全编辑的。

3.1.2 插入网页图像

在了解网页中常用的图像格式之后，下面介绍如何在网页中插入图像。

01 按 Ctrl+O 组合键，在弹出的对话框中选择"素材 \Cha03\ 酒店素材 .html"素材文件，单击【打开】按钮，如图 3-20 所示。

图 3-20　打开的素材文件

02 将光标置入到要插入图像的单元格中，如图 3-21 所示。

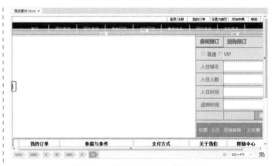

图 3-21　将光标定位到单元格

03 在菜单栏中选择【插入】|Image 命令，如图 3-22 所示。

图 3-22　选择 Image 命令

04 在弹出的对话框中选择"素材 \Cha03\ 酒店 .jpg"素材文件，如图 3-23 所示。

图 3-23　选择素材文件

05 单击【确定】按钮，即可将选中的素材文件插入到单元格中，效果如图3-24所示。

图3-24 插入图像后的效果

> **提 示**
>
> 如果所选图片位于当前站点的根目录中，则直接将图片插入；如果图片文件不在当前站点的根目录中，系统会出现提示框，询问是否希望将选定的图片复制到当前站点的根目录中。

06 插入完成后，按F12键预览，效果如图3-25所示。

图3-25 预览效果

执行以下操作方式之一，可以完成图像的插入。

- 在菜单栏中选择【插入】|Image命令，如图3-26所示。

图3-26 选择Image命令

- 在【插入】面板中单击Image按钮，如图3-27所示。

图3-27 单击Image按钮

3.2 制作房地产网页——编辑和更新网页图像

房地产是一个综合的复杂概念，从实物现象看，它由建筑物与土地共同构成。土地可以分为未开发的土地和已开发的土地，建筑物依附土地而存在，与土地结合在一起。本案例将介绍如何制作房地产网页，效果如图3-28所示。

图3-28 房地产网页

第3章 生活服务类网页设计——使用图像与多媒体美化网页

素材	素材\Cha03\"房地产网页"文件夹
场景	场景\Cha03\制作房地产网页——编辑和更新网页图像.html
视频	视频教学\Cha03\3.2 制作房地产网页——编辑和更新网页图像.mp4

01 启动 Dreamweaver CC 软件，按 Ctrl+O 组合键，在弹出的对话框中选择"房地产网页素材.html"素材文件，如图 3-29 所示。

图3-29 选择素材文件

02 单击【打开】按钮，即可将选中的素材文件打开，效果如图 3-30 所示。

图3-30 打开的素材文件

03 将光标置入到如图 3-31 所示的单元格中。

图3-31 将光标置入至单元格中

04 按 Ctrl+Alt+I 组合键，在弹出的对话框中选择"房地产网页\房地产.jpg"素材文件，如图 3-32 所示。

图3-32 选择素材文件

05 单击【确定】按钮，即可将选中的素材文件插入至表格中，效果如图 3-33 所示。

图3-33 将素材文件插入至表格中

06 插入完成后，将光标置入到如图 3-34 所示的单元格中。

图3-34 将光标置入至单元格中

07 按 Ctrl+Alt+I 组合键，在弹出的对话

75

框中选择"房地产网页\效果1.jpg"素材文件，单击【确定】按钮。选中插入的图像文件，在【属性】面板中将【宽】、【高】分别设置为151px、218px，如图3-35所示。

图3-35　插入图像文件并设置其大小

08 将光标置入至【中建华府】上方的单元格中，按Ctrl+Alt+I组合键，在弹出的对话框中选择"房地产网页\效果2.jpg"素材文件，单击【确定】按钮。选中插入的图像文件，在【属性】面板中将【宽】、【高】分别设置为150px、123px，如图3-36所示。

图3-36　插图图像并进行设置

09 使用同样的方法插入其他图像文件，并对其进行相应的设置，效果如图3-37所示。

10 在文档中选择如图3-38所示的图像对象，在【属性】面板中单击【亮度和对比度】按钮 。

图3-37　添加其他图像文件

图3-38　选择图像并单击按钮

11 弹出一个提示框，单击【确定】按钮。接着在弹出的【亮度/对比度】对话框中将【亮度】、【对比度】分别设置为28、3，如图3-39所示。

图3-39　设置【亮度】和【对比度】参数

12 设置完成后，单击【确定】按钮，即可完成对图片的编辑，效果如图3-40所示。

图3-40　对图片进行编辑后的效果

疑难解答 在使用【亮度和对比度】工具时需要注意什么？

使用【亮度和对比度】工具调整图像后，源文件的亮度和对比度也会随之调整，而且此操作无法撤销。如果不希望源文件进行被调整，可以将其复制，使用副本对象进行调整。

知识链接：网页色彩的搭配

色彩对人的视觉影响非常明显，一个网站设计的成功与否，在某种程度上取决于设计者对色彩的运用和搭配，因为网页设计属于一种平面效果设计，在平面图上，色彩的冲击力是最强的，它最容易给客户留下深刻的印象，如图3-41所示。

图3-41　色彩效果

1. 色彩处理

色彩是人的视觉最敏感的东西，主页的色彩处理得好，可以锦上添花，达到事半功倍的效果。

① 色彩的感觉

色彩的冷暖感主要取决于色调。在色彩的各种感觉中，首先感觉到的是冷暖感。一般来说，看到红、橙、黄时感到温暖，而看到蓝、蓝紫、蓝绿时感到冷。

色彩的软硬感，决定色彩轻重感觉的主要是明度，明度高的色彩感觉轻，明度低的色彩感觉重。其次是纯度，在同明度、同色相条件下，纯度高的感觉轻。

色彩的强弱感，亮度高的明亮、鲜艳的色彩感觉强，反之则感觉弱。

色彩的兴奋与沉静，这与色相、明度、纯度都有关，其中纯度的作用最为明显。在色相方面，凡是偏红、橙的暖色系具有兴奋感，凡属蓝、青的冷色系具有沉静感；在明度方面，明度高的色彩具有兴奋感，明度低的色彩具有沉静感；在纯度方面，纯度高的色彩具有兴奋感，纯度低的色彩具有沉静感。

色彩的华丽与朴素，这与纯度关系最大，其次是与明度有关。凡是鲜艳而明亮的色彩具有华丽感，凡是浑浊而深暗的色彩具有朴素感。有彩色系具有华丽感，无彩色系具有朴素感。

色彩的进退感，对比强、暖色、明快、高纯度的色彩代表前进，反之代表后退。

② 色彩的季节性

春季处处一片生机，通常会流行一些活泼跳跃的色彩；夏季气候炎热，人们希望凉爽，通常流行以白色和浅色调为主的清爽亮丽的色彩；秋季秋高气爽，流行的是沉重的暖色调；冬季气候寒冷，深颜色有吸光、传热的作用，人们希望能暖和一点，喜爱穿深色衣服。这就很明显地形成了四季的色彩流行趋势：春夏以浅色、明艳色调为主；秋冬以深色、稳重色调为主，每年色彩的流行趋势都会因此而分成春夏和秋冬两大色彩趋向。

③ 颜色的心理感觉

不同的颜色会给浏览者不同的心理感受。

红色是一种激奋的色彩，代表热情、活泼、温暖、幸福和吉祥。红色的色感温暖，性格刚直而外向，是一种对人刺激性很强的颜色。红色容易引起人们注意，也容易使人兴奋、激动、热情、紧张和冲动，而且还是一种容易造成人视觉疲劳的颜色。图3-42所示为以红色为主色调的网页。

橙色是十分活泼的光辉色彩，与红同属暖色，具有红与黄之间的色性，它使人联想起火焰、灯光、霞光、水果等物象，是最温暖、响亮的色彩。感觉活泼、华丽、辉煌、跃动、甜蜜、愉快，但也有疑惑、嫉妒、伪诈等消极倾向性表情。图3-43所示为以橙色为主色调的网页。

图3-42　以红色为主色调的网页

图3-43　以橙色为主色调的网页

黄色是亮度最高的颜色，在高明度下能够保持很强的纯度，是各种色彩中最为娇气的一种颜色，它具有快乐、希望、智慧和轻快的个性，它的明度最高，代表明朗、愉快和高贵。图3-44所示为以黄色为主色调的网页。

图3-46　以蓝色为主色调的网页

图3-44　以黄色为主色调的网页

绿色是一种表达柔顺、恬静、满足、优美的颜色，代表新鲜、充满希望、和平、柔和、安逸和青春，显得和睦、宁静、健康。绿色具有黄色和蓝色两种成分颜色。在绿色中，将黄色的扩张感和蓝色的收缩感中和，并将黄色的温暖感与蓝色的寒冷感相抵消。绿色和金黄、淡白搭配，可产生优雅、舒适的气氛。图3-45所示为以绿色为主色调的网页。

紫色具有神秘、高贵、优美、庄重、奢华的气质，有时也感孤寂、消极。尽管它不像蓝色那样冷，但红色的渗入使它显得复杂、矛盾。它处于冷暖之间游离不定的状态，加上它的低明度性质，就构成了这一色彩在心理上的消极感。图3-47所示为以紫色为主色调的网页。

图3-47　以紫色为主色调的网页

黑色是最具收敛性的、沉郁的、难以琢磨的色彩，给人以一种神秘感。同时黑色还表达凄凉、悲伤、忧愁、恐怖，甚至死亡，但若运用得当，还能产生黑铁金属质感，可表达时尚前卫、科技等印象。图3-48所示为以黑色为主色调的网页。

图3-45　以绿色为主色调的网页

蓝色与红、橙色相反，是典型的寒色，代表深远、永恒、沉静、理智、诚实、公正、权威，是最具凉爽、清新特点的色彩。浅蓝色系明朗而富有青春朝气，为年轻人所钟爱，但也有不够成熟的感觉。深蓝色系沉着、稳定，为中年人普遍喜爱的色彩。其中略带暖味的群青色充满着动人的深邃魅力，藏青则给人以大度、庄重印象。靛蓝、普蓝因在民间广泛应用，似乎成了民族特色的象征。在蓝色中分别加入少量的红、黄、黑、橙、白等色，均不会对蓝色的表达效果构成较明显的影响。图3-46所示为以蓝色为主色调的网页。

图3-48　以黑色为主色调的网页

白色的色感光明，代表纯洁、纯真、朴素、神圣和明快，具有洁白、明快、纯真、清洁的感觉。如果在白色中加入其他任何色，都会影响其纯洁性，使其性格变得含蓄。图3-49所示为以白色为主色调的网页。

图3-49　以白色为主色调的网页

灰色具有柔和、高雅的意象，属中性色彩，男女皆能接受，所以灰色也是永远流行的颜色。在许多高科技产品中，尤其是和金属材料有关的，几乎都采用灰色来传达高级、科技的形象。使用灰色时，大多要利用层次变化或搭配其他色彩，才不至于产生过于平淡、沉闷、呆板、僵硬的感觉。图3-50所示为以灰色为主色调的网页。

图3-50　以灰色为主色调的网页

2. 网页色彩搭配原理

色彩搭配既是一项技术性工作，也是一项艺术性很强的工作。因此，在设计网页时，除了要考虑网站本身的特点外，还要遵循一定的艺术规律，从而设计出色彩鲜明、性格独特的网站。

网页的色彩是树立网站形象的关键要素之一，色彩搭配却是网页设计初学者感到头疼的问题。网页的背景、文字、图标、边框、链接等应该采用什么样的色彩，应该搭配什么样的色彩才能最好地表达出网站的内涵和主题呢？下面介绍一下网页色彩搭配的一些原理。

色彩的鲜明性。网页的色彩要鲜明，这样容易引人注目。一个网站的用色必须要有自己独特的风格，这样才能显得个性鲜明，给浏览者留下深刻的印象，如图3-51所示。

图3-51　色彩鲜明的网页

色彩的独特性。要有与众不同的色彩，使大家对网站印象强烈。

色彩的艺术性。网站设计也是一种艺术活动，因此必须遵循艺术规律，在考虑网站本身特点的同时，按照内容决定形式的原则，大胆进行艺术创新，设计出既符合网站要求，又有一定艺术特色的网站，如图3-52所示。

图3-52　色彩的艺术性

色彩搭配的合理性。网页设计虽然属于平面设计的范畴，但又与其他平面设计不同，它在遵循艺术规律的同时，还要考虑人的生理特点。色彩搭配一定要合理，色彩和表达的内容气氛相适合，给人一种和谐、愉快的感觉，避免采用纯度很高的单一色彩，这样容易造成视觉疲劳，如图3-53所示。

色彩的联想性。不同色彩会产生不同的联想，蓝色想到天空，黑色想到黑夜，红色想到喜事等，选择色彩要和网页的内涵相关联。

图3-53　色彩搭配的合理性

3. 网页中色彩的搭配

色彩在人们的生活中都是有丰富的感情和含义的，在特定的场合下，同种色彩可以代表不同的含义。色彩总的应用原则应该是"总体协调，局部对比"，就是说主页的整体色彩效果是和谐的，局部、小范围的地方可以有一些强烈色彩的对比。在色彩的运用上，可以根据主页内容的需要，分别采用不同的主色调。

人常常感受到色彩对自己心理的影响，这些影响总是在不知不觉中发挥作用，左右我们的情绪。色彩的心理效应发生在不同层次中。有些属直接的刺激，有些要通过间接的联想，更高层次则涉及人的观念、信仰。对于艺术家和设计者来说，无论哪一层次的作用，都是不能忽视的。

对于网页设计者来说，色彩的心理作用尤其重要，因为网络是在一种特定的历史与社会条件的环境下使用，即在高效率、快节奏的现代生活方式下，这就需要网页满足人们在这种生活方式中使用网络的一种心理需求。

① 彩色的搭配

相近色，指色环中相邻的3种颜色。相近色的搭配给人的视觉效果很舒适、很自然，所以相近色在网站设计中极为常用。图3-54所示为相近色。

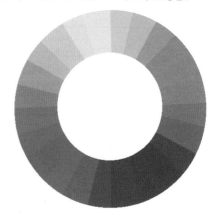

图3-54　相近色

互补色，指色环中相对的两种色彩。用互补色调整一下补色的亮度，有时候是一种很好的搭配。图3-55所示为互补的颜色。

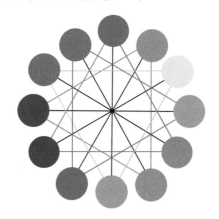

图3-55　相对的互补色

暖色，黄色、橙色、红色和紫色等都属于暖色系列。暖色跟黑色调和可以达到很好的效果。暖色一般应用于购物类网站、电子商务网站、儿童类网站等，用以体现商品的琳琅满目，儿童类网站的活泼、温馨等效果，如图3-56所示。

图3-56　暖色系网站

冷色，绿色、蓝色和蓝紫色等都属于冷色系列。冷色一般跟白色调和可以达到一种很好的效果。冷色一般应用于一些高科技、游戏类网站，主要表达严肃、稳重等效果。绿色、蓝色、蓝紫色等都属于冷色系列，如图3-57所示。

图3-57　冷色系网站

色彩均衡，网站让人看上去舒适、协调，除了文字、图片等内容的合理排版外，色彩均衡也是相当重要的一部分，比如一个网站不可能只运用一种颜色，所以色彩的均衡问题是设计者必须考虑的问题。

> **提示**
> 色彩的均衡包括色彩的位置、每种色彩所占的比例、面积等，比如鲜艳明亮的色彩面积应小一点，让人感觉舒适、不刺眼，这就是一种均衡的色彩搭配，如图3-58所示。

② 非彩色的搭配

黑白是最基本和最简单的搭配，白字黑底、黑底白字都非常清晰明了。灰色是万能色，可以和任何色彩搭配，也可以帮助两种对立的色彩和谐过渡。如果实在找不出合适的色彩，那么用灰色试试，效果绝对不会太差。

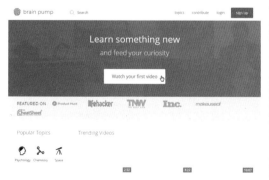

图3-58　色彩的均衡效果

4. 网页元素的色彩搭配

为了让网页设计得更靓丽、更舒适，增强页面的可阅读性，必须合理、恰当地搭配页面各元素间的色彩。

① 网页导航条

网页导航条是网站的指路方向标，浏览者要在网页间跳转，要了解网站的结构，要查看网站的内容，都必须使用导航条。可以使用稍微具有跳跃性的色彩吸引浏览者的视线，使其感觉网站清晰明了、层次分明，如图3-59所示。

图3-59　网页导航条

② 网页链接

一个网站不可能只有一页，所以文字与图片的链接是网站中不可缺少的部分。尤其是文字链接，因为链接区别于文字，所以链接的颜色不能跟文字的颜色一样。要让浏览者快速地找到网站链接，设置独特的链接颜色是一种驱使浏览者点击链接的好办法，如图3-60所示。

③ 网页文字

如果网站中使用了背景颜色，就必须要考虑背景的用色与前景文字的搭配问题。一般网站侧重的是文字，所以背景可以选择纯度或者明度较低的色彩，文字用较为突出的亮色，让人一目了然，如图3-61所示。

图3-60　网页链接

图3-61　网页文字

④ 网页标志

网页标志是宣传网站最重要的部分之一，所以这部分一定要在页面上突出、醒目。可以将Logo和Banner做得鲜亮一些，也就是说，在色彩方面与网页的主题色分离开来，如图3-62所示。

图3-62　网页标志

5. 网页色彩搭配的技巧

色彩的搭配是一门艺术，灵活运用它能让主页更具亲和力。要想制作出漂亮的主页，除了灵活运用色彩，还要加上自己的创意和技巧。下面是网页色彩搭配的一些常用技巧。

使用单色。尽管网站设计要避免采用单一色彩，以免产生单调的感觉，但通过调整色彩的饱和度和透明度，也可以产生变化，使网站避免单调，做到色彩统一，有层次感，如图3-63所示。

图3-63　使用单色效果

使用邻近色。所谓邻近色，就是在色带上相邻近的颜色，如绿色和蓝色、红色和黄色就互为邻近色。采用邻近色设计网页，可以使网页避免色彩杂乱，以达到页面艺术的和谐与统一，如图3-64所示。

图3-64　使用邻近色效果

使用对比色。对比色可以突出重点，产生强烈的视觉效果，通过合理使用对比色，能够使网站特色鲜明、重点突出。在设计时，一般以一种颜色为主色调，使用对比色作为点缀，可以起到画龙点睛的作用，如图3-65所示。

图3-65　使用对比色效果

使用黑色。黑色是一种特殊的颜色，如果使用恰当、设计合理，往往能产生很强的艺术效果。黑色一般用来作为背景色，与其他纯度色彩搭配使用，如图3-66所示。

图3-66　黑色的使用效果

使用背景色。背景的颜色不要太深，否则会显得过于厚重，这样会影响整个页面的显示效果。一般采用素淡清雅的色彩，避免采用花纹复杂的图片和纯度很高的色彩作为背景色，同时，背景要与文字的色彩搭配好，使之与文字色彩对比强烈一些，如图3-67所示。

图3-67　背景色的使用效果

色彩的数量。一般初学者在设计网页时往往使用多种颜色，使网页变得很花，缺乏统一和协调，缺乏内在的美感，给人一种繁杂的感觉。实质上，网站用色并不是越多越好，一般应控制在3种色彩以内，可以通过调整色彩的各种属性来产生颜色的变化，保持整个网页的色调统一，如图3-68所示。

要和网站内容匹配。了解网站所要传达的信息和品牌，选择可以强化信息的颜色，如在设计一个强调稳健的金融网页时，就要选择冷色系、柔和的颜色，像蓝色、灰色或绿色。在这样的状况下，如果使用暖色系或活泼的颜色，可能会破坏该网站的品牌。

围绕网页主题，使色彩烘托出主题。根据主题确定网站颜色时，还要考虑网站的访问对象，以及文化的差异，它会使色彩产生非预期的反应。还有，不同地区与不同年龄层对颜色的反应亦会有所不同。年轻族一般比较喜欢饱和色，但这样的颜色却不能引起高年龄层人群的兴趣。

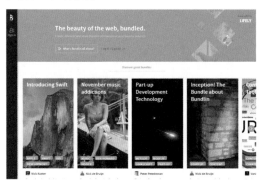

图3-68　色彩的使用数量

3.2.1　设置图像大小

将图像插入到文档中后，图像的大小经常不符合文档的需求，用户可以在Dreamweaver CC中设置图像的大小，从而达到所需的效果。下面将介绍如何设置图像的大小，其操作步骤如下。

01 启动Dreamweaver CC软件，按Ctrl+O组合键，在弹出的对话框中选择"素材\Cha03\卫浴素材.html"素材文件，如图3-69所示。

图3-69　选择素材文件

02 单击【打开】按钮，即可将选中的素材文件打开，如图3-70所示。

图3-70　打开的素材文件

03 将光标置入至如图3-71所示的单元格。

04 按Ctrl+Alt+I组合键，在弹出的对话框中选择"素材\Cha03\卫浴.jpg"素材文件，单击【确定】按钮，在【属性】面板中将【宽】、【高】分别设置为900px、374px，如图3-72所示。

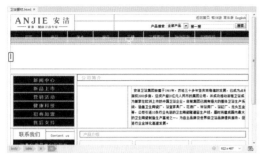

图3-71　将光标置入单元格中

图3-72　插入素材图像并调整其大小

> **提　示**
>
> 　　用户还可以在文档窗口中选择需要调整的图像文件，在图像的底部、右侧以及右下角会出现控制点，如图3-73所示。通过拖动图像的底部、右侧以及右下角会出现控制点，可以调整图像的高度和宽度。

图3-73　选择图像出现的控制点

3.2.2　使用Photoshop更新网页图像

在使用Dreamweaver制作网页时，可以通过外部编辑器对网页中的图像进行编辑修改。使用外部编辑器修改后的图像可直接保存，也可以直接在文档窗口中查看编辑后的图像。在Dreamweaver CC中默认Photoshop为外部图像编辑器。下面将详细介绍外部编辑器的使用方法。

01 继续上面的操作，将光标置入到如图 3-74 所示的单元格中。

图3-74　将光标置入至单元格中

02 按 Ctrl+Alt+I 组合键，在弹出的对话框中选择"素材\Cha03\卫浴 01.jpg"素材文件，单击【确定】按钮，在【属性】面板中将【宽】、【高】分别设置为 195px、158px，如图 3-75 所示。

图3-75　设置图像大小

03 继续选中该图像，在菜单栏中选择【编辑】|【图像】|【编辑以】|Photoshop 命令，如图 3-76 所示。

04 执行该操作后，即可启动 Photoshop 软件，并在软件中自动打开选中的图像文件。在工具箱中选择【裁剪工具】，按住 Shift+Alt 组合键对图像的裁剪框进行调整，如图 3-77 所示。

图3-76 选择Photoshop命令

图3-77 调整裁剪框

05 按 Enter 键对选中的图像进行裁剪。裁剪完成后，按 Ctrl+M 组合键，在弹出的【曲线】对话框中添加一个编辑点，将【输出】设置为 197，将【输入】设置为 169，如图3-78所示。

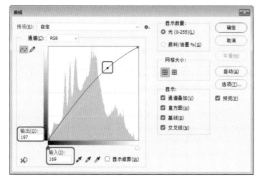

图3-78 调整曲线参数

06 设置完成后，单击【确定】按钮。按 Ctrl+S 组合键，对图像文件进行保存，关闭 Photoshop 软件。在 Dreamweaver 网页中可以看到更新的网页图像，如图3-79所示。

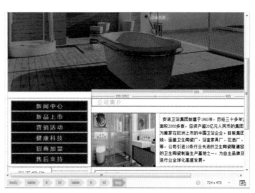

图3-79 更新图像后的效果

3.2.3 优化图像

图像优化处理的具体操作步骤如下。

01 继续上面的操作，将光标置入到【产品介绍】下方的第一列空白单元格，按 Ctrl+Alt+I 组合键，在弹出的对话框中选择"素材\Cha03\卫浴 02.jpg"素材文件，单击【确定】按钮，如图3-80所示。

图3-80 插入图像

02 选中需要优化的图像，在菜单栏中选择【编辑】|【图像】|【优化】命令，如图3-81所示。

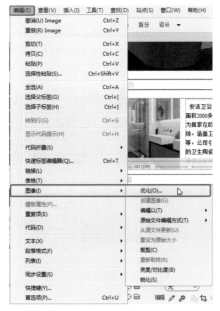

图3-81 选择【优化】命令

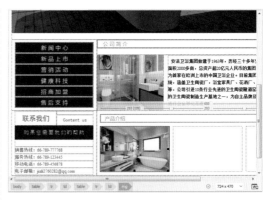

图3-83 图像优化效果

3.2.4 裁剪图像

裁剪对象的具体操作步骤如下。

01 继续上面的操作，将光标置入至【产品介绍】下方的第二列空白单元格，按Ctrl+Alt+I组合键，在弹出的对话框中选择"素材\Cha03\卫浴03.jpg"素材文件，单击【确定】按钮，如图3-84所示。

03 打开【图像优化】对话框，单击【预置】右侧的下拉三角按钮，在弹出的下拉列表中选择【高清JPEG以实现最大兼容性】选项，此时【格式】将自动默认为JPEG，【品质】将自动默认为80，如图3-82所示。

图3-82 【图像优化】对话框

04 单击【确定】按钮，图像优化完成，效果如图3-83所示。

> **提 示**
>
> 在【属性】面板中单击【编辑图像设置】按钮 ，也可打开【图像优化】对话框，对选中的图像进行优化设置。它与在菜单栏中选择【编辑】|【图像】|【优化】命令的作用相同。

图3-84 插入图像

02 选择需要裁剪的图像，在菜单栏中选择【编辑】|【图像】|【裁剪】命令，如图3-85所示。

03 系统将自动弹出提示框，勾选【不要再显示该消息】复选框，如图3-86所示。

04 单击【确定】按钮，图像进入裁剪编辑状态，如图3-87所示。

第 3 章 生活服务类网页设计——使用图像与多媒体美化网页

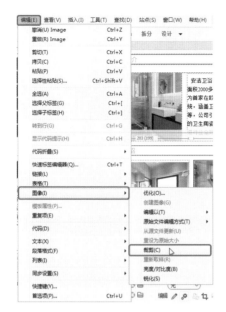

图3-85 选择【裁剪】命令

图3-86 设置提示对话框

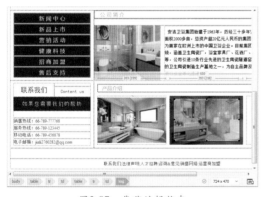

图3-87 裁剪编辑状态

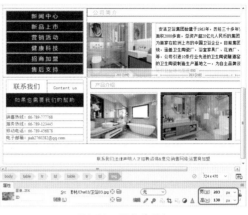

图3-88 调整裁剪框

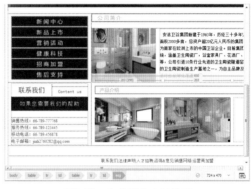

图3-89 裁剪图像后的效果

> **提 示**
>
> 在【属性】面板中单击【裁剪】按钮 ，也可对选中的图像进行裁剪设置。它与在菜单栏中选择【编辑】|【图像】|【裁剪】命令的作用相同。

05 在【属性】面板中将【宽】、【高】分别设置为203px、130px，并调整裁剪窗口的位置，效果如图3-88所示。

06 调整完成后，在窗口中双击鼠标左键或者按Enter键，退出裁剪编辑状态，效果如图3-89所示。

3.2.5 调整图像的亮度和对比度

下面介绍设置图像的亮度和对比度的方法，具体操作步骤如下。

01 继续上面的操作，在窗口中选择要进行调整的图像，如图3-90所示。

02 在菜单栏中选择【编辑】|【图像】|【亮度/对比度】命令，如图3-91所示。

03 执行该命令后，系统将自动弹出【亮度/对比度】对话框，如图3-92所示。

04 在该对话框中，将【亮度】设置为25，【对比度】设置为11，如图3-93所示。

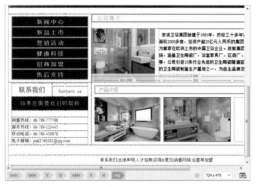

图3-90 选择要调整的图像

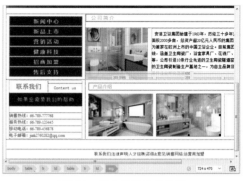

图3-94 调整图像后的效果

> **提示**
>
> 在【属性】面板中单击【亮度和对比度】按钮，也可打开【亮度/对比度】对话框，对选中的图像进行亮度、对比度的设置。它与在菜单栏中选择【编辑】|【图像】|【亮度/对比度】命令的作用相同。在【亮度/对比度】对话框中,【亮度】和【对比度】的数值范围为 −100~100。

3.2.6 锐化图像

锐化能增加对象边缘像素的对比度，使图像模糊的地方层次分明，从而增加图像的清晰度。具体的操作步骤如下。

01 继续上面的操作，将光标置入至【产品介绍】下方的第三列空白单元格，按 Ctrl+Alt+I 组合键，在弹出的对话框中选择"素材\Cha03\卫浴04.jpg"素材文件，单击【确定】按钮，如图3-95所示。

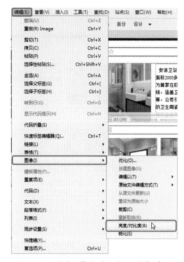

图3-91 选择【亮度/对比度】命令

图3-92 【亮度/对比度】对话框

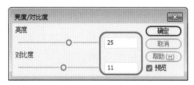

图3-93 设置【亮度】和【对比度】

> **提示**
>
> 在【亮度/对比度】对话框中勾选【预览】复选框，可以查看修改【亮度/对比度】的图像效果。调整图像清晰度到理想的效果后,单击【确定】按钮即可。

05 单击【确定】按钮，即可完成调整亮度和对比度，效果如图3-94所示。

图3-95 插入图像文件

02 选择该图像对象，在菜单栏中选择【编辑】|【图像】|【锐化】命令，如图3-96所示。

03 执行该命令后，系统将自动弹出【锐化】对话框，如图3-97所示。

图3-96　选择【锐化】命令

图3-97　【锐化】对话框

04 在该对话框中将【锐化】设置为4，如图3-98所示。

图3-98　设置【锐化】参数

05 设置完成后，单击【确定】按钮，即可完成对图像的设置，效果如图3-99所示。

图3-99　锐化图像后的效果

> **提　示**
>
> 在【属性】面板中单击【锐化】按钮 △，也可打开【锐化】对话框，对选中的图像进行锐化的设置。它与在菜单栏中选择【编辑】|【图像】|【锐化】命令的作用相同。在【锐化】对话框中，【锐化】的数值范围为 0～10。

3.3　制作礼品网网页——应用图像

礼品又称礼物，通常是人和人之间互相赠送的物件，其目的是取悦对方，或表达善意、敬意。礼物拉近了人与人之间的距离。在网络飞速发展的今天，不少人选择在网上购买礼品，这样既省时省力，又能购买到心仪的礼品。本案例将介绍如何制作礼品网网页，效果如图 3-100 所示。

图3-100　礼品网网页

素材	素材\Cha03\"礼品网网页"文件夹
场景	场景\Cha03\制作礼品网网页——应用图像.html
视频	视频教学\Cha03\3.3　制作礼品网网页——应用图像.mp4

01 启动 Dreamweaver CC 软件，按 Ctrl+O 组合键，在弹出的【打开】对话框中选择"礼品网素材.html"素材文件，如图 3-101 所示。

图3-101　选择素材文件

02 单击【打开】按钮，即可将选中的素材文件打开，效果如图 3-102 所示。

图3-102　打开的素材文件

03 将光标置入到如图 3-103 所示的单元格中。

图3-103　将光标置入单元格中

04 在菜单栏中选择【插入】|HTML|【鼠标经过图像】命令，如图 3-104 所示。

图3-104　选择【鼠标经过图像】命令

05 在弹出的【插入鼠标经过图像】对话框中单击【原始图像】右侧的【浏览】按钮，如图 3-105 所示。

图3-105　单击【浏览】按钮

06 在弹出的【原始图像】对话框中选择"礼品网网页\礼品 01.jpg"素材文件，如图 3-106 所示。

图3-106　选择原始文件

07 单击【确定】按钮，返回到【插入鼠

标经过图像】对话框中,单击【鼠标经过图像】右侧的 [浏览] 按钮,如图 3-107 所示。

图3-107　单击【浏览】按钮

08 在弹出的【鼠标经过图像】对话框中选择"礼品网网页 \ 礼品 01- 副本 .jpg"素材文件,如图 3-108 所示。

图3-108　选择鼠标经过图像

09 单击【确定】按钮,返回到【插入鼠标经过图像】对话框中,单击【确定】按钮。选中插入的图像文件,在【属性】面板中将【宽】、【高】分别设置为 165px、160px,如图 3-109 所示。

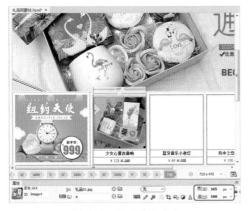

图3-109　设置图像大小

10 使用同样的方法,在其他表格中插入鼠标经过图像,效果如图 3-110 所示。

图3-110　插入其他图像后的效果

11 在菜单栏中选择【文件】|【页面属性】命令,如图 3-111 所示。

图3-111　选择【页面属性】命令

12 在弹出的【页面属性】对话框中选择【外观（CSS）】选项卡,单击【背景图像】右侧的 [浏览(W)...] 按钮,如图 3-112 所示。

图3-112　单击【浏览】按钮

13 在弹出的【选择图像源文件】对话框

中选择"礼品网网页\背景图片.jpg"素材文件，如图 3-113 所示。

图3-113　选择素材文件

14 单击【确定】按钮，执行该操作后，即可添加背景图像。返回到【页面属性】对话框中，单击【确定】按钮，如图 3-114 所示。

图3-114　单击【确定】按钮

15 执行该操作后，即可完成添加背景图像，效果如图 3-115 所示。

图3-115　添加背景图像后的效果

16 制作完成后，按 F12 键预览网页效果，如图 3-116 所示。

图3-116　预览网页效果

3.3.1　鼠标经过图像

鼠标经过图像效果是由两张图片组成，在浏览器浏览网页过程中，当光标移至原始图像时会显示鼠标经过的图像，当光标离开后又恢复为原始图像。

制作鼠标经过图像时，主要利用菜单栏中的【插入】|HTML|【鼠标经过图像】命令，如图 3-117 所示。选择该命令后，系统将自动弹出【插入鼠标经过图像】对话框，如图 3-118 所示。

图3-117　选择【鼠标经过图像】命令

第 3 章　生活服务类网页设计——使用图像与多媒体美化网页

图3-118　【插入鼠标经过图像】对话框

单击【原始图像】文本框后的 浏览... 按钮，系统将自动弹出【原始图像】对话框，如图 3-119 所示。在该对话框中可选择原始的图像，并单击【确定】按钮。

图3-119　【原始图像】对话框

单击【鼠标经过图像】文本框后的 浏览... 按钮，系统将自动弹出【鼠标经过图像】对话框，如图 3-120 所示。在该对话框中可选择鼠标经过的图像，单击【确定】按钮即可。

图3-120　【鼠标经过图像】对话框

在【插入鼠标经过图像】对话框中各选项功能介绍如下。

- 【图像名称】：输入鼠标经过的图像名称。
- 【原始图像】：单击【浏览】按钮，在弹出的对话框中可选择图像文件或直接输入图像的路径。
- 【鼠标经过图像】：单击【浏览】按钮，在弹出的对话框中可选择鼠标经过显示的图像或直接输入图像路径。
- 【预载鼠标经过图像】：当勾选该复选框时，可使图像预先载入浏览器的缓存中，用户将光标划过图像时，不会延迟。
- 【替换文本】：用于只显示文本的浏览器，浏览者可输入描述该图像的文本。
- 【按下时，前往的 URL】：单击【浏览】按钮，选择图像文件，或直接输入当单击鼠标经过图像时打开的网页路径或网站地址。

3.3.2　背景图像

背景图像不但可以丰富页面内容，还可以使网页更加生动。添加背景图像的具体操作步骤如下。

01 启动 Dreamweaver CC 软件，在【属性】面板中单击【页面属性】按钮，如图 3-121 所示。

图3-121　单击【页面属性】按钮

02 打开【页面属性】对话框，单击【背景图像】右侧的 浏览(W)... 按钮，如图 3-122 所示。

03 在打开的【选择图像源文件】对话框中选择一个背景图像文件，如图 3-123 所示。

93

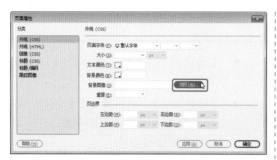

图3-122　单击【浏览】按钮

图3-123　选择图像文件

04 单击【确定】按钮，返回到【页面属性】对话框中，继续单击【确定】按钮，背景图像会在文档窗口中显示出来，如图3-124所示。

图3-124　背景图像效果

> **提　示**
> 在菜单栏中选择【文件】|【页面属性】命令，即可打开【页面属性】对话框，其作用与在【属性】面板中单击【页面属性】按钮相同。

3.4 制作装饰公司网页（一）——插入多媒体

装饰公司是集室内设计、预算、施工、材料于一体的专业化设计公司。装饰公司是为相关业主提供装修装饰方面的技术支持，包括提供设计师和装修工人，从专业的设计和可实现性的角度上，为客户营造更温馨和舒适的家园而成立的企业机构，现在的装饰公司一般是设计与装修相结合的模式经营。本案例将介绍如何制作装饰公司网页，效果如图3-125所示。

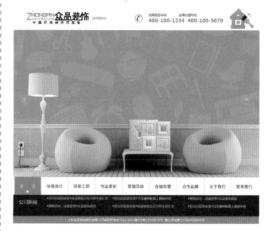

图3-125　装饰公司网页

素材	素材\Cha03\"装饰公司网页"文件夹
场景	场景\Cha03\制作装饰公司网页（一）——插入多媒体.html
视频	视频教学\Cha03\3.4　制作装饰公司网页（一）——插入多媒体.mp4

01 启动 Dreamweaver CC 软件，按 Ctrl+O 组合键，在弹出的【打开】对话框中选择"装饰公司网页（一）素材.html"素材文件，如图3-126所示。

02 单击【打开】按钮，即可将选中的素材文件打开，效果如图3-127所示。

03 将光标置入到如图3-128所示的单元格中。

> **疑难解答**　如何快速插入Flash SWF动画？
> 用户可以将光标插入至要添加Flash SWF动画的单元格，然后按Ctrl+Alt+F组合键，在弹出的对话框中选择相应的Flash SWF动画，单击两次【确定】按钮。

第 3 章　生活服务类网页设计——使用图像与多媒体美化网页

图3-126　选择素材文件

图3-127　打开的素材文件

图3-128　将光标置入单元格中

04 在菜单栏中选择【插入】|HTML|Flash SWF 命令，如图 3-129 所示。

05 在弹出的【选择 SWF】对话框中选择 "装饰公司网页\效果图切换.swf" 素材文件，如图 3-130 所示。

06 单击【确定】按钮，接着弹出【对象标签辅助功能属性】对话框，将【标题】设置为【效果切换】，如图 3-131 所示。

图3-129　选择Flash SWF命令

图3-130　选择素材文件

图3-131　设置【标题】

07 单击【确定】按钮。选中插入的素材文件，在【属性】面板中将【宽】、【高】分别设置为 972、566，如图 3-132 所示。

08 单击【代码】按钮，打开代码窗口，拖动代码窗口右侧的滑块至最底部，并将光标置入 </body> 标记的后面，按 Enter 键，这时光标将移到 </body> 标记的下一行，如图 3-133 所示。

95

图3-132　设置宽、高

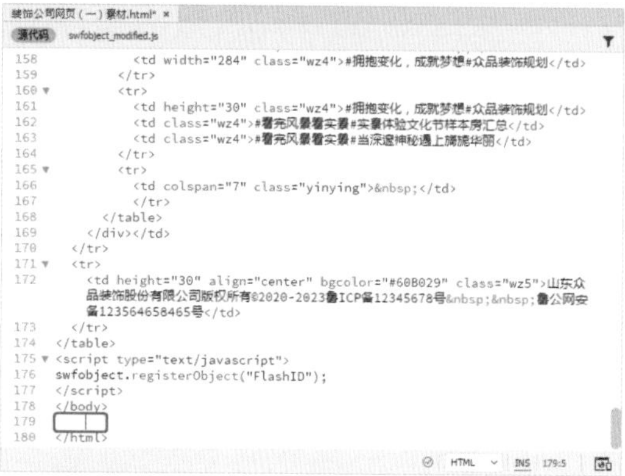

图3-135　选择【浏览】命令

11 在弹出的【选择文件】对话框中选择"装饰公司网页\背景音乐.mp3"素材文件，如图3-136所示。

图3-136　选择音频文件

12 单击【确定】按钮。在代码窗口中输入>，如图3-137所示。执行该操作后即可完成音乐的插入。

图3-133　打开代码窗口并新建行

09 在代码窗口中输入 < bgsound，按空格键，在弹出的下拉列表中选择 src 命令，如图3-134所示。

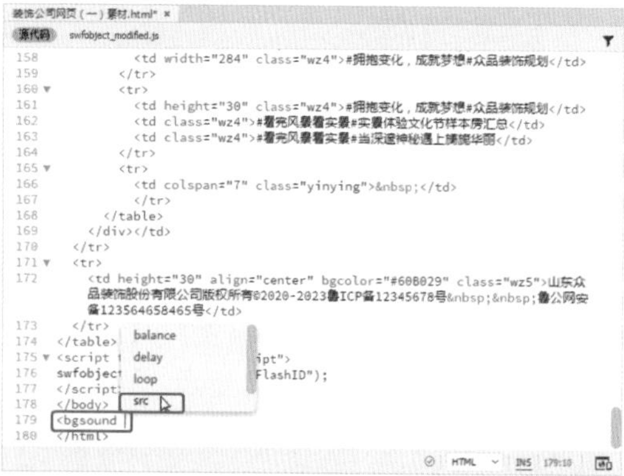

图3-137　输入代码

图3-134　选择src命令

10 再在弹出的下拉列表中选择【浏览】命令，如图3-135所示。

3.4.1 插入Flash SWF动画

在网页中为了使网页更加有趣、富有美感，可以将 Flash SWF 动画插入相应的位置，使其网页更加美观。

在网页中插入 Flash SWF 动画的具体操作步骤如下。

01 启动 Dreamweaver CC 软件，按 Ctrl+O 组合键，在弹出的【打开】对话框中选择"个人博客素材 .html"素材文件，如图 3-138 所示。

图3-138　选择素材文件

02 将光标置入到如图 3-139 所示的单元格中。

图3-139　将光标置入单元格中

03 在菜单栏中选择【插入】|HTML|Flash SWF 命令，如图 3-140 所示。

04 在弹出的【选择 SWF】对话框中选择"博客相册 .swf"素材文件，如图 3-141 所示。

图3-140　选择Flash SWF命令

图3-141　选择素材文件

05 单击【确定】按钮，在弹出的【对象标签辅助功能属性】对话框中将【标题】设置为【相册】，如图 3-142 所示。

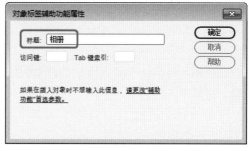

图3-142　设置【标题】名称

06 设置完成后，单击【确定】按钮，即可将选中的 Flash SWF 动画插入至文档中，如图 3-143 所示。

图3-143 插入动画后的效果

07 插入完成后，按F12键预览效果，效果如图3-144所示。

图3-144 预览效果

> **提 示**
> 在插入Flash SWF动画时也可按Ctrl+Alt+F组合键，在弹出的【选择SWF】对话框中选择需要插入的Flash SWF文件，它与在菜单栏中选择【插入】|HTML|Flash SWF命令的作用相同。

选择插入的Flash SWF动画，打开【属性】面板，如图3-145所示，可以进行设置。

图3-145 【属性】面板

- Flash ID 文本框：用来设置动画的名称。
- 【宽】和【高】文本框：以像素为单位，用于设置插入Flash动画的宽度和高度。

- 【文件】文本框：Flash SWF动画的文件路径和文件名。单击其右侧的 📁 按钮，即可选择需要插入的动画，也可直接输入文件的路径名称。
- 【背景颜色】文本框：指定影片区域的背景颜色。在不播放影片时（在加载时和在播放后）也显示此颜色。
- 【循环】：勾选该复选框，插入的动画在网页预览中可重复播放。
- 【自动播放】：勾选该复选框，插入的动画在网页预览中可自动播放。
- 【垂直边距】和【水平边距】文本框：用于设置Flash SWF动画的上下或左右边距。
- 【品质】下拉列表框：用于设置Flash SWF动画的质量参数，有【低品质】、【自动低品质】、【自动高品质】和【高品质】4个选项。
- 【比例】下拉列表框：用于设置缩放比例，有【默认(全部显示)】、【无边框】和【严格匹配】3个选项。
- 【对齐】下拉列表框：用于设置Flash动画的对齐方式。
- Wmode：为SWF文件设置Wmode参数以避免与DHTML元素相冲突。
- 【编辑】按钮：单击该按钮，会打开插入的Flash文件。
- 【参数...】按钮：单击该按钮，打开【参数】对话框，可以设定附加参数。

3.4.2 插入声音

在上网时，有时打开一个网站就会响起动听的音乐，是因为该网页中添加了背景音乐，添加背景音乐需要在代码视图中进行。

在Dreamweaver CC中可以插入的声音文件类型有mp3、wav、midi等。其中，mp3为压缩格式的音乐文件，midi是通过计算机软件合成的音乐。在网页中添加背景音乐的具体操作步骤如下。

01 继续上面的操作,单击【代码】按钮 代码 ,将在文档窗口中显示代码窗口,如图 3-146 所示。

图 3-146　显示代码窗口

02 拖动代码窗口右侧的滑块至最底部,并将光标置入 </body> 标记的后面,按 Enter 键,在 </body> 标记下方新建一行,如图 3-147 所示。

图 3-147　新建行

03 在代码窗口中输入 <bgsound,按空格键,在弹出的下拉列表中选择 src 命令,如图 3-148 所示。

图 3-148　选择 src 命令

04 再在弹出的下拉列表中选择【浏览】命令,如图 3-149 所示。

图 3-149　选择【浏览】命令

05 在弹出的【选择文件】对话框中选择 "博客背景音乐 .mp3" 素材文件,如图 3-150 所示。

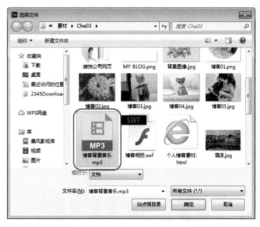

图 3-150　选择音频文件

06 单击【确定】按钮,在代码窗口中输入 >,如图 3-151 所示。执行该操作后即可完成音乐的插入。

图3-151 输入代码

07 至此,音频文件就插入完成了,按F12键预览效果。

3.5 上机练习——装饰公司网页(二)

随着现代生活质量水平的提高,客户的生活品位也有了较大的改变,因此,如何在一个长久的住所里舒适开心地生活也就成为客户越来越关心的问题。装饰公司正是在这种需求下诞生的一种服务型的行业群体,也因为客户需求的不断提高,慢慢带来了设计装修行业的兴起,同时促进了装修公司的发展。本案例将介绍如何制作装饰公司网页,效果如图3-152所示。

图3-152 装饰公司网页(二)

素材	素材\Cha03\"装饰公司网页"文件夹
场景	场景\Cha03\上机练习——装饰公司网页(二).html
视频	视频教学\Cha03\上机练习——装饰公司网页(二).mp4

01 启动 Dreamweaver CC 软件,按 Ctrl+O 组合键,在弹出的【打开】对话框中选择"装饰公司网站(二)素材.html"素材文件,如图 3-153 所示。

图3-153 选择素材文件

02 单击【打开】按钮,即可将选中的素材文件打开,效果如图 3-154 所示。

图3-154 打开的素材文件

03 将光标置入到如图 3-155 所示的单元格中。

04 在菜单栏中选择【插入】|HTML|【鼠标经过图像】命令,如图 3-156 所示。

05 在弹出的【插入鼠标经过图像】对话框中单击【原始图像】右侧的 浏览 按钮,如图 3-157 所示。

第 3 章 生活服务类网页设计——使用图像与多媒体美化网页

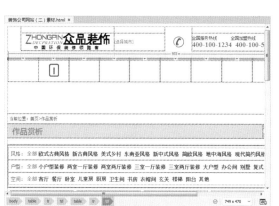

图3-155 将光标插入至单元格中

图3-158 选择原始图像文件

图3-156 选择【鼠标经过图像】命令

图3-159 单击【浏览】按钮

08 在弹出的【插入鼠标经过图像】对话框中选择"装饰公司网页\首页2.png"素材文件，如图3-160所示。

图3-160 选择鼠标经过图像

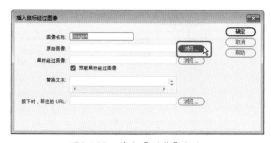

图3-157 单击【浏览】按钮

06 在弹出的【原始图像】对话框中选择"装饰公司网页\首页1.png"素材文件，如图3-158所示。

07 单击【确定】按钮，返回到【插入鼠标经过图像】对话框中，单击【鼠标经过图像】右侧的【浏览】按钮，如图3-159所示。

09 单击【确定】按钮，返回到【插入鼠标经过图像】对话框中，单击【确定】按钮。在文档窗口中选择插入的鼠标经过图像，在【属性】面板中将【宽】、【高】分别设置为104px、69px，如图3-161所示。

10 使用同样的方法，插入其他鼠标经过

101

图像，并设置其大小，效果如图 3-162 所示。

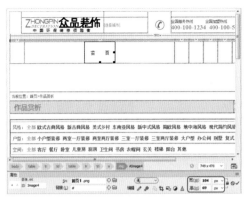

图3-161　设置图像的大小

图3-162　插入鼠标经过图像并设置其大小

11 将光标置入到如图 3-163 所示的单元格中。

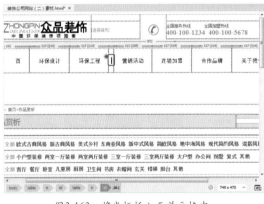

图3-163　将光标插入至单元格中

12 按 Ctrl+Alt+I 组合键，在弹出的【选择图像源文件】对话框中选择"作品赏析 2.png"素材文件，如图 3-164 所示。

13 单击【确定】按钮。选中插入的图像文件，在【属性】面板中将【宽】、【高】分别设置为 104px、69px，如图 3-165 所示。

图3-164　选择图像文件

图3-165　设置插入图像的大小

14 将光标置入到如图 3-166 所示的单元格中。

图3-166　将光标插入至单元格中

15 在菜单栏中选择【插入】|HTML|Flash SWF 命令，如图 3-167 所示。

16 在弹出的【选择 SWF】对话框中选择"装饰公司网页\效果图切换 2.swf"素材文件，如图 3-168 所示。

第 3 章 生活服务类网页设计——使用图像与多媒体美化网页

图 3-167　选择 Flash SWF 命令

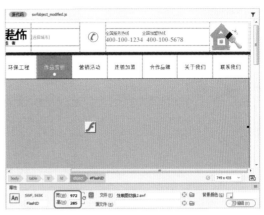

图 3-170　设置动画的宽、高

图 3-171　将光标置入单元格中

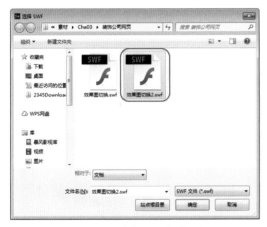

图 3-168　【选择 SWF】对话框

17 单击【确定】按钮，在弹出的【对象标签辅助功能属性】对话框中将【标题】设置为【效果切换 2】，如图 3-169 所示。

图 3-169　设置【标题】名称

18 设置完成后，单击【确定】按钮。选中插入的 Flash SWF 动画，在【属性】面板中将【宽】、【高】分别设置为 972、285，如图 3-170 所示。

19 将光标置入到如图 3-171 所示的单元格中。

20 按 Ctrl+Alt+I 组合键，在弹出的【选择图像源文件】对话框中选择"装饰公司网页\效果 1.jpg"素材文件，如图 3-172 所示。

图 3-172　选择素材文件

21 单击【确定】按钮。选中插入的图像，在【属性】面板中将【宽】、【高】分别设置为 181px、130px，如图 3-173 所示。

103

图3-173 插入图像并设置其大小

22 使用同样的方法，插入其他图像文件，效果如图3-174所示。

图3-174 插入其他图像文件后的效果

23 在文档窗口中选择如图3-175所示的图像，在【属性】面板中单击【亮度和对比度】按钮 。

图3-175 单击【亮度和对比度】按钮

24 在弹出的【亮度/对比度】对话框中将【亮度】、【对比度】分别设置为37、30，如图3-176所示。

25 设置完成后，单击【确定】按钮。再在文档窗口中选择如图3-177所示的图像。

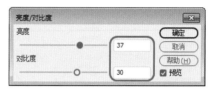

图3-176 设置亮度/对比度参数

图3-177 选择图像

26 在菜单栏中选择【编辑】|【图像】|【编辑以】Photoshop命令，如图3-178所示。

图3-178 选择Photoshop命令

27 执行该操作后，即可启动Photoshop软件，并自动打开选中的图像文件。按Ctrl+M组合键，在弹出的【曲线】对话框中添加一个编辑点，将【输入】设置为173，将【输出】设置为154，如图3-179所示。

28 调整完成后，单击【确定】按钮。按Ctrl+S组合键，对图像文件进行保存，并关闭Photoshop软件。在Dreamweaver网页中可以看到更新的网页图像，如图3-180所示。

第 3 章 生活服务类网页设计——使用图像与多媒体美化网页

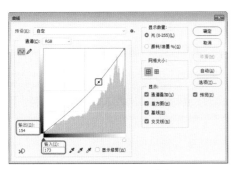

图3-179 调整曲线参数

图3-182 设置图像大小后的效果

[31] 设置完成后，对文档进行另存，按 F12 键预览效果，如图 3-183 所示。

图3-180 更新的图像

[29] 继续选中该图像，在【属性】面板中单击【裁剪】按钮，在文档窗口中对图像的裁剪框进行调整，效果如图 3-181 所示。

图3-181 调整裁剪框

[30] 调整完成后，按 Enter 键完成裁剪。继续选中该图像文件，在【属性】面板中将【宽】、【高】分别设置为 181px、130px，如图 3-182 所示。

疑难解答　为何在预览网页时有些效果无法正常显示？

在预览效果时，不同的浏览器产生的效果不同，当使用默认的Internet Explorer浏览器无法观察效果时，用户可以在【文件】|【实时预览】子菜单中选择其他浏览器预览效果（前提是计算机中安装了除Internet Explorer浏览器外的其他浏览器）。

图3-183 预览效果

3.6 思考与练习

1. 网页中常用的图像格式是什么？
2. 什么是鼠标经过图像效果？

105

第 4 章 电脑网络类网页设计——链接的创建

网站是由多个网页组合而成的，而网页之间的联系都是通过超链接来实现的。在一个网页中，用于超级链接的对象可以是一段文字、一张图片，也可以是一个网站。

基础知识
- 使用【属性】面板创建链接
- 使用【指向文件】图标创建链接

重点知识
- 创建空链接
- 创建下载链接

提高知识
- 创建锚记链接
- 创建热点链接

超链接是网页中非常重要的部分，是网页的灵魂，用户只需单击网页中的链接，即可跳转到相应的网页。链接为网页提供了极为便捷的查阅功能，让人可以尽情地享受网络所带来的无限乐趣。

4.1 制作IT信息网页——创建简单链接

IT的英文是Information Technology，即信息科技和产业的意思。IT业划分为IT生产业和IT使用业。IT生产业包括计算机硬件业、通信设备业、软件、计算机及通信服务业。至于IT使用业几乎涉及所有行业，其中服务业使用IT的比例更大。由此可见，IT行业不仅仅指通信业，还包括硬件和软件业；不仅仅包括制造业，还包括相关的服务业，因此通信制造业只是IT业的组成部分，而不是IT业的全部。本案例将介绍IT信息网页的制作过程，效果如图4-1所示。

图4-1　IT信息网页

素材	素材\Cha04\"IT信息网页"文件夹
场景	场景\Cha04\制作IT信息网页——创建简单链接.html
视频	视频教学\Cha04\4.1　制作IT信息网页——创建简单链接.mp4

01 启动Dreamweaver CC软件后，新建一个HTML文档。按Ctrl+Alt+T组合键，弹出Table对话框，将【行数】设置为4，将【列】设置为1，将【表格宽度】设置为900像素，将【边框粗细】、【单元格边距】和【单元格间距】均设置为0，单击【确定】按钮，如图4-2所示。

02 选中插入的表格，在【属性】面板中，将Align设置为【居中对齐】，如图4-3所示。

图4-2　Table对话框

图4-3　设置表格对齐

03 将光标插入到第一行单元格，在【属性】面板中，将【水平】设置为【居中对齐】。按Ctrl+Alt+I组合键，弹出【选择图像源文件】对话框，选择"IT信息网页\素材1.jpg"素材文件，单击【确定】按钮，插入素材图片，将图片【宽】、【高】分别设置为900px、300px，如图4-4所示。

图4-4　插入图片

04 在第二行单元格中插入一个1行3列的表格，然后将CellSpace设置为1，如图4-5所示。

图4-5　设置表格格式

05 在【属性】面板中，将左右两个单元格设置为 30×30，将【背景颜色】均设置为 #006699，如图 4-6 所示。

图 4-6 设置单元格格式

06 将光标插入到第二行中间的单元格中，按 Ctrl+Alt+T 组合键，弹出 Table 对话框，将【行数】设置为 1，将【列】设置为 7，将【表格宽度】设置为 100%，将【边框粗细】、【单元格边距】和【单元格间距】均设置为 0，然后单击【确定】按钮，如图 4-7 所示。

图 4-7 Table 对话框

07 选中插入的表格，将 CellSpace 设置为 1。然后选中表格中的所有单元格，在【属性】面板中将【水平】设置为【居中对齐】，将【宽】设置为 14%，将【高】设置为 30，如图 4-8 所示。

图 4-8 设置单元格

08 在单元格中分别输入文本，然后将【字体】设置为【经典粗黑简】，将【大小】设置为 18px，将文本颜色设置为白色，将【背景颜色】设置为 #006699，如图 4-9 所示。

● 提 示
在将文本颜色设置为白色时，需要分别选择文本进行设置。

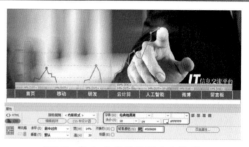

图 4-9 输入文本并设置文本格式

● 提 示
CellSpace 的中文意思是单元格之间的空间，与 Table 对话框中的【单元格边距】选项相同。

09 在第 3 行单元格中，插入一个 1 行 2 列的表格，将表格的 CellSpace 设置为 1。然后将第一列单元格的【宽】设置为 319，第二列单元格的【宽】设置为 578，如图 4-10 所示。

图 4-10 插入单元格并设置格式

10 将光标插入到第一列单元格中，按 Ctrl+Alt+T 组合键，弹出 Table 对话框，将【行数】设置为 7，将【列】设置为 1，将【表格宽度】设置为 300 像素，如图 4-11 所示。

11 将新表格的 CellSpace 设置为 1。然后在第一行中输入文本，将【字体】设置为【华文中宋】，将【大小】设置为 24px，将文本颜色设置为 #006699，如图 4-12 所示。

12 将光标定位在文本的后面，按 Shift+Enter 组合键进行换行。然后在菜单栏中

选择【插入】|HTML|【水平线】命令，插入水平线。选中插入的水平线，将【宽】设置为300像素，将【高】设置为3，如图4-13所示。

图4-11 Table对话框

图4-12 输入文本

图4-13 插入水平线

13 选中水平线，并单击【拆分】按钮。在 <hr> 标签中添加代码 color="#006699"，为水平线设置颜色，如图4-14所示。

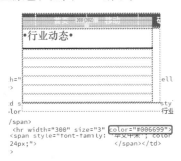

图4-14 设置水平线颜色

14 单击【设计】按钮。选中剩余的6行

单元格，将【高】设置为67，将【背景颜色】设置为 #006699，如图4-15所示。

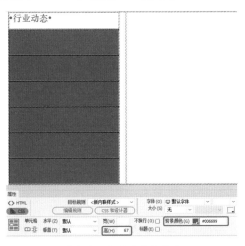

图4-15 设置单元格格式

15 在单元格中输入文本，将【字体】设置为【华文中宋】，将【大小】设置为18px，将文本颜色设置为白色，如图4-16所示。

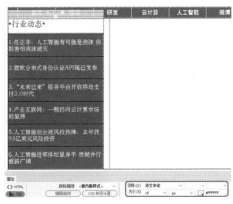

图4-16 输入文本并设置格式

16 在第二列单元格中插入一个7行1列的表格，将【宽】设置为578像素，将 CellSpace 设置为1，如图4-17所示。

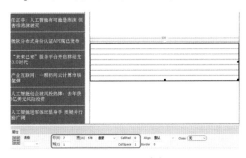

图4-17 插入表格

17 选择表格 <table> 前面的 <td>，将【垂直】设置为顶端，如图 4-18 所示。

图 4-18　设置单元格格式

18 将光标插入到第一行单元格中，在菜单栏中选择【插入】|HTML|Flash SWF 命令，选择"IT 信息网页\素材 2.swf"素材文件，然后单击【确定】按钮。在弹出的对话框中单击【确定】按钮，将其【宽】设置为 578，将【高】设置为 328，如图 4-19 所示。

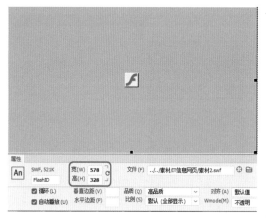

图 4-19　插入 Flash 动画

● 提　示

因为 Flash 原大小超过了单元格的范围，单元格的宽度会变化。将 Flash 的大小进行调整后，可对单元格的宽进行调整。

19 将剩余的 6 行单元格都拆分为两列，并将第一列的【宽】设置为 50%，如图 4-20 所示。

20 在单元格中输入文本，将【字体】设置为【华文中宋】，将【大小】设置为 16px，将文本颜色设置为 #006699，如图 4-21 所示。

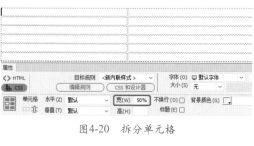

图 4-20　拆分单元格

图 4-21　输入文本并设置格式

21 参照前面的操作步骤，插入并设置水平线，如图 4-22 所示。

图 4-22　插入水平线并设置格式

22 输入文本，【字体】为默认字体，【大小】为 16px，如图 4-23 所示。

图 4-23　输入文本并设置格式

23 使用相同的方法输入另外 6 行文本并设置格式，如图 4-24 所示。

24 将光标插入到最后一行单元格中，将【水平】设置为【居中对齐】，将【高】设置为 50，将【背景颜色】设置为 #006699。输入文本并将文本颜色设置为白色，如图 4-25 所示。

图4-24　输入另外6行文本并设置格式

图4-25　设置单元格并输入文本

25 选中【栏目地图】文本，单击鼠标右键，在弹出的快捷菜单中选择【创建链接】命令，在弹出的【选择文件】对话框中选择"IT信息网页\地图.jpg"素材文件，单击【确定】按钮，如图4-26所示，可为选中的文字创建链接。

图4-26　【选择文件】对话框

4.1.1　使用【属性】面板创建链接

使用【属性】面板可以把当前文档中的文本或者图像与另一个文档相链接，具体步骤如下。

01 选择文档窗口中需要链接的文本或图像，在【属性】面板中单击【链接】文本框右侧的【浏览文件】按钮，如图4-27所示。在弹出的【选择文件】对话框中选择一个文件，设置完成后单击【确定】按钮，在【链接】文本框中便可显示出被链接文件的路径，如图4-28所示。

图4-27　【属性】面板

图4-28　被链接的文件

02 在默认的情况下，预览网页时，被链接的文档会在当前窗口打开。要使被链接的文档在其他地方打开，需要在【属性】面板的【目标】下拉列表中选择一个选项，如图4-29所示。

图4-29　【目标】下拉列表

4.1.2 使用【指向文件】图标创建链接

使用【属性】面板中的【指向文件】图标创建链接的具体操作步骤如下。

01 在文档窗口中输入【好看的图片】文本，并将其选中，在【属性】面板中单击【链接】文本框右侧的【指向文件】按钮，并将其拖曳至需要链接的文档中，如图4-30所示。

图4-30　通过拖动来创建链接

02 释放鼠标左键，即可将文件链接到指定的目标中。

4.1.3 使用快捷菜单创建链接

使用快捷菜单创建文本或图像链接的具体操作步骤如下。

01 在文档窗口中，选择要加入链接的文本或图像，单击鼠标右键，在弹出的快捷菜单中选择【创建链接】命令，如图4-31所示。

图4-31　选择【创建链接】命令

02 在弹出的【选择文件】对话框中选择一个文件，单击【确定】按钮，如图4-32所示。

> **提　示**
> 用户也可以在菜单栏中选择【编辑】|【链接】|【创建链接】命令进行链接。

图4-32　【选择文件】对话框

4.2 制作大众信息站网页——创建其他链接

本案例将介绍如何制作大众信息站网页，主要使用Div布局网站结构，通过表格对网站的结构进行细化调整，并为其创建链接，效果如图4-33所示。

素材	素材\Cha04\"大众信息站网页"文件夹
场景	场景\Cha04\制作大众信息站网页——创建其他链接.html
视频	视频教学\Cha04\ 4.2　制作大众信息站网页——创建其他链接.mp4

第 4 章 电脑网络类网页设计——链接的创建

01 启动 Dreamweaver CC 软件后，新建一个 HTML 文档。按 Ctrl+Alt+T 组合键，弹出 Table 对话框，将【行数】设置为 1，将【列】设置为 8，将【表格宽度】设置为 1000 像素，将【边框粗细】、【单元格边距】和【单元格间距】均设置为 0，如图 4-34 所示。

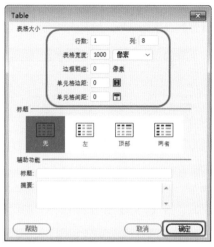

图 4-33　大众信息站

图 4-34　Table 对话框

02 单击【确定】按钮，将光标插入到表格中。在【属性】面板中，将【高】设置为 30，并将所有单元格的【背景颜色】设置为 #2568A0，如图 4-35 所示。

图 4-35　设置表格格式

03 在部分单元格中输入文本，选中【首页】文本，在【属性】面板中将【字体】设置为【微软雅黑】，将【大小】设置为 16 px，将文本颜色设置为白色，将【水平】设置为【居中对齐】。使用同样方法设置其他文本，如图 4-36 所示。

图 4-36　输入文本并设置格式

04 将前 4 列的【宽】设置为 80，在第 5 列单元格中插入光标，在菜单栏中选择【插入】|【表单】|【文本】命令，即可插入文本表单。选中表单，在【属性】面板中将 Size 设置为 10，如图 4-37 所示。同时更改随表单插入的文本，将【大小】设置为 12 px，将文字颜色设置为白色。

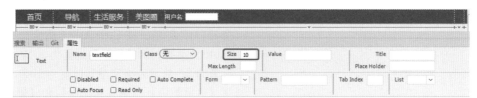

图4-37 设置表单

05 将光标插入到该单元格中，在【属性】面板中将【水平】设置为【右对齐】，并将单元格的【宽】设置为346，如图4-38所示。

图4-38 设置单元格格式

06 在第6列单元格中插入光标，在菜单栏中选择【插入】|【表单】|【密码】命令，可插入密码表单。选中表单，在【属性】面板中将Size设置为10，如图4-39所示。同时更改随表单插入的文本，将【大小】设置为12px，将文字颜色设置为白色。

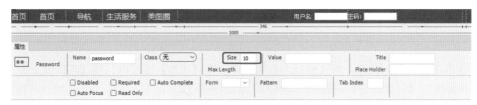

图4-39 再次设置表单

07 将光标插入到该单元格中，在【属性】面板中将单元格的【宽】设置为156，如图4-40所示。

图4-40 设置单元格宽度

08 将光标插入到第7列单元格中，按Ctrl+Alt+I组合键，打开【选择图像源文件】对话框，选择"大众信息站网页\图标1.jpg"素材文件，单击【确定】按钮，效果如图4-41所示。

09 使用同样的方法，在右侧的单元格中插入素材。然后选中这两个单元格，在【属性】面板中将【垂直】设置为【底部】，如图4-42所示。

图4-41 插入素材后的效果

图4-42 设置单元格内容垂直

10 将光标插入至表格的右侧外，并使用同样的方法插入一个 1 行 1 列的表格，将表格的【高】设置为 85，将【背景颜色】设置为 #edeeee，如图 4-43 所示。

> **提 示**
> 设置颜色时，可以直接在文本框中输入颜色的十六进制代码，也可以单击色块，在展开的面板中选择颜色。

图 4-43 插入表格并设置格式

11 按 Ctrl+Alt+I 组合键，打开【选择图像源文件】对话框，选择"大众信息站网页 \ 素材 1.png"素材文件，单击【确定】按钮，效果如图 4-44 所示。

图 4-44 插入素材

12 使用同样的方法，在"素材 1.png"右侧插入"大众信息站网页 \logo.png"素材文件，插入完成后，将光标置于表格的右侧，在菜单栏中选择【插入】|Div 命令，打开【插入 Div】对话框，在 ID 文本框中输入 Div1，如图 4-45 所示。

图 4-45 【插入 Div】对话框

13 单击【新建 CSS 规则】按钮，在打开的对话框中单击【确定】按钮，在弹出的对话框中选择【分类】列表框中的【定位】选项，在右侧将 Position 设置为 absolute，单击【确定】按钮，如图 4-46 所示。

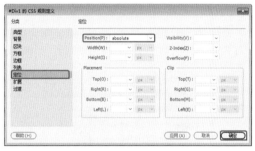

图 4-46 设置 Div 规则

14 返回到【插入 Div】对话框，单击【确定】按钮，即可插入 Div。选中 Div，在【属性】面板中将【宽】设置为 1000 px，将【高】设置为 40 px，如图 4-47 所示。

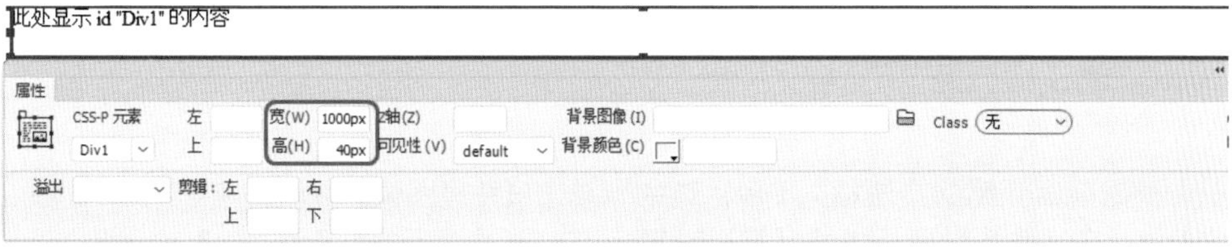

图 4-47 设置 Div 属性

> **提 示**
> Div 的位置可以根据需要进行调整。

[15] 选中插入的Div,在【属性】面板中单击【背景图像】右侧的【浏览文件】按钮,打开【选择图像源文件】对话框,选择"大众信息站网页\素材2.jpg"素材文件,单击【确定】按钮,将Div中自带的文本删除,效果如图4-48所示。

图4-48 设置背景图像

[16] 根据前面介绍的方法插入Div。选中插入的Div,在【属性】面板中将【宽】设置为1000px,将【高】设置为60px,将【上】设置为163px,将【背景颜色】设置为#CCCCCC,并将Div中的文本删除,如图4-49所示。

图4-49 插入并设置Div

[17] 将光标插入Div中,使用前面介绍的方法插入一个2行11列的表格,并将所有单元格的【宽】设置为90、【高】设置为30,如图4-50所示。

图4-50 插入表格并设置格式

[18] 在各个单元格中输入文本,在【属性】面板中将【字体】设置为【华文细黑】,将【大小】设置为14px,将【水平】设置为【居中对齐】,如图4-51所示。

图4-51 输入文本并设置格式

[19] 根据前面介绍的方法插入Div。选中插入的Div,在【属性】面板中将【宽】设置为351px,将【高】设置为288px,将【上】设置为228px,如图4-52所示。

单击【背景图像】右侧的【浏览文件】按钮,在打开的【选择图像源文件】对话框中选择"大众信息站网页\素材3.jpg"素材文件,单击【确定】按钮,效果如图4-53所示。

[20] 选中插入的Div,在【属性】面板中

图 4-55 所示。

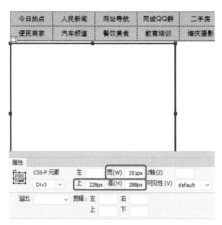

图 4-52 插入并设置 Div

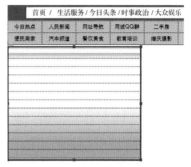

图 4-54 插入表格效果

图 4-53 插图素材

图 4-55 输入文本并设置格式

21 将 Div 中的文字删除，根据前面所介绍的方法在 Div 中插入一个 13 行 1 列、【表格宽度】为 100% 的表格，并将第 1 行单元格的【高】设置为 30，其他单元格的【高】均设置为 21，效果如图 4-54 所示。

22 在各个单元格中输入文本。首行单元格中的文本使用默认设置，其他单元格中文本的【字体】设置为【微软雅黑】、【大小】设置为 14px，文字颜色设置为 #00F，如

23 使用同样方法插入 Div，插入表格并输入文本，制作出其他效果，如图 4-56 所示。

图 4-56 制作出其他效果

24 再次插入一个 Div。选中插入的 Div，在【属性】面板中将【宽】设置为 1000px，将【高】设置为 23px，将【左】设置为 8px，将【上】设置为 810px，如图 4-57 所示。

图 4-57 插入并设置 Div

(25) 将光标插入 Div 中，将其中的文本删除，在菜单栏中选择【插入】|HTML|【水平线】命令，效果如图 4-58 所示。

图4-58 插入水平线

(26) 再次插入一个 Div。选中插入的 Div，在【属性】面板中将【宽】设置为 1000px，将【高】设置为 84px，将【左】设置为 8px，将【上】设置为 835px，如图 4-59 所示。

图4-59 再次插入Div

(27) 将光标插入 Div 中，使用前面介绍的方法插入一个 2 行 7 列的表格，并将第 1 行单元格的【宽】均设置为 142、【高】均设置为 49，如图 4-60 所示。

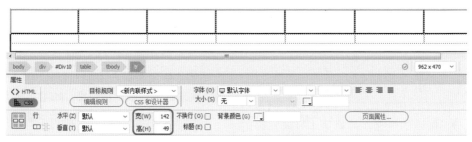

图4-60 设置第1行单元格格式

(28) 将第 2 行单元格的【高】设置为 35、【背景颜色】均设置为 #2568A0，如图 4-61 所示。

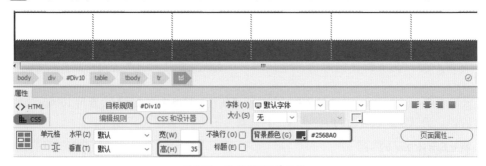

图4-61 设置第2行单元格

(29) 将光标插入到第 1 行左侧的单元格，按 Ctrl+Alt+I 组合键，打开【选择图像源文件】对话框，选择"大众信息站网页\素材 4.png"素材文件，效果如图 4-62 所示。

(30) 将光标插入到第 1 行左侧的单元格中，输入【美图圈】文本。选中输入的文本，在【属性】面板中，将【字体】设置为【华文细黑】，将【大小】设置为 24px，将【水平】设置为【居中对齐】，将【垂直】设置为【顶端】，如图 4-63 所示。

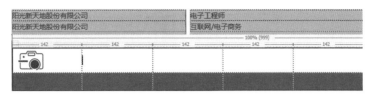

图4-62　插入素材效果

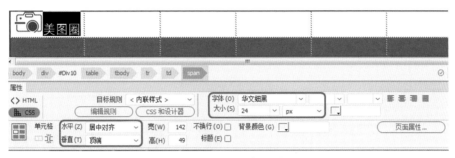

图4-63　输入文本并设置格式

31 在第2行单元格中输入文本。在【属性】面板中，将【字体】设置为【微软雅黑】，将【水平】设置为【居中对齐】。选中文本，将【大小】设置为18px，将文字颜色设置为#FFFFFF，如图4-64所示。

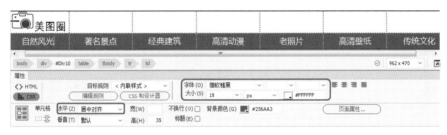

图4-64　再次输入文本并设置格式

32 再次插入一个Div。选中插入的Div，在【属性】面板中将【宽】设置为1000px，将【高】设置为350px，将【左】设置为8px，将【上】设置为921px，如图4-65所示。

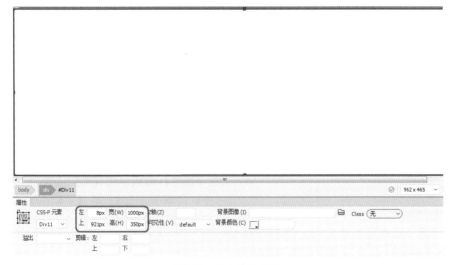

图4-65　插入并设置Div

33 将光标插入 Div 中，使用前面介绍的方法插入一个 4 行 5 列的表格，并将第 1 行与第 3 行单元格的【宽】均设置为 200、【高】均设置为 145，如图 4-66 所示。

图4-66　设置表格格式

34 将第 2 行与第 4 行单元格的【高】均设置为 30。将光标插入到第 1 行第 1 列的单元格中，按 Ctrl+Alt+I 组合键，打开【选择图像源文件】对话框，选择"大众信息站网页\素材 5.jpg"素材文件，效果如图 4-67 所示。

图4-67　插入素材

35 使用同样方法，在其他单元格中插入素材图像，并将图像在表格中的【水平】设置为【居中对齐】，效果如图 4-68 所示。

图4-68　插入其他素材效果

36 将光标插入到第 2 行第 1 列的单元格中，输入文本。选中输入的文本，在【属性】面板中将【水平】设置为【居中对齐】，如图 4-69 所示。

图4-69　输入文本并设置格式

37 使用同样方法，在其他单元格中输入文本，效果如图 4-70 所示。

图4-70　输入其他文本的效果

38 选中【三亚】文本，在【属性】面板中单击 HTML 按钮，单击【链接】文本框右侧的【浏览文件】按钮，如图 4-71 所示。

图4-71　单击【浏览文件】按钮

39 在弹出【选择文件】对话框中选择"素材 5.jpg"素材文件，单击【确定】按钮，即可创建下载链接，如图 4-72 所示。

40 使用前面介绍的方法插入 Div，并在 Div 中插入水平线，效果如图 4-73 所示。

41 再次插入一个 Div。选中插入的 Div，在【属性】面板中将【宽】设置为 1000px，将【高】设置为 111px，将【左】设置为 8px，将【上】设置为 1305px，如图 4-74 所示。

图4-73 插入Div和水平线

图4-72 【选择文件】对话框

42 将光标插入 Div 中，使用前面介绍的方法插入一个 4 行 1 列的表格，并将第 1~3 行单元格的【高】均设置为 25，如图 4-75 所示。

43 将光标插入到第 1 行的单元格中，输入【友情链接】文本。选中输入的文本，在【属性】面板中将文字颜色设置为 #999，将【水平】设置为【居中对齐】，如图 4-76 所示。

图4-74 插入并设置Div

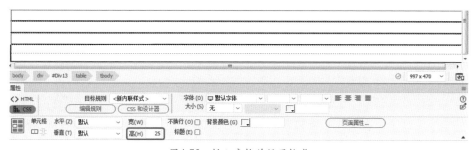

图4-75 插入表格并设置格式

图4-76 输入文本并设置格式

44 继续在该单元格中输入文本。选中输入的文本，在【属性】面板中将【大小】设置为 14 px，将文字颜色设置为 #00F，如图 4-77 所示。

45 使用前面介绍的方法，在其他单元格中输入文本，效果如图 4-78 所示。

图4-77 再次输入并设置文本

图4-78 输入其他文本的效果

46 选中【联系我们】文本，在菜单栏中选择【插入】|HTML|【电子邮件链接】命令，如图4-79所示。

图4-79 选择【电子邮件链接】命令

47 弹出【电子邮件链接】对话框，在【电子邮件】文本框中输入一个电子邮件地址，如test123@123.net，如图4-80所示。单击【确定】按钮，即可在页面中创建一个电子邮件链接。

图4-80 【电子邮件链接】对话框

48 至此本案例制作完成，对场景进行保存即可。

4.2.1 创建锚记链接

创建锚记链接就是在文档中的某个位置插入标记，并且为其设置一个标记名称，便于引用。锚记常用于长篇文章、技术文件等内容量比较大的网页，当用户单击某一个超链接时，可以跳转到相同网页的特定段落，能够使访问者快速地浏览到选定的位置。创建锚记链接的具体操作步骤如下。

01 启动 Dreamweaver CC 软件，打开"素材\Cha04\创建锚记链接素材.html"素材文件，如图4-81所示。

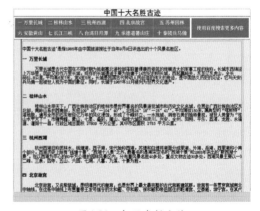

图4-81 打开素材文件

02 将光标放置在正文【一 万里长城】的后面，单击 拆分 按钮，输入【<a name=" 锚点

1"></a>】代码,如图4-82所示。

图4-82 输入代码

03 返回到设计视图,便可插入锚记,如图4-83所示。

图4-83 插入锚记

04 选中【一万里长城】文本,在【属性】面板中的【链接】文本框中输入【# 锚记 1】,按 Enter 键确认,进行锚记链接,如图4-84 所示。

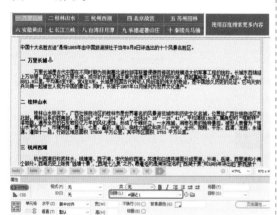

图4-84 进行锚记链接

05 将光标放置在正文【二 桂林山水】的右侧,单击【拆分】按钮,输入【<a name=" 锚点 2"></a>】代码,如图4-85所示。

06 返回到设计视图,然后选择【二 桂林山水】文本,在【属性】面板的【链接】文本框中输入【# 锚记 2】,按 Enter 键确认,进行锚记链接,如图4-86所示。

图4-85 输入代码

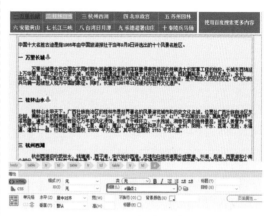

图4-86 进行锚记链接

07 使用相同的方法,将其他标题进行锚记链接。

08 将制作完成的文档另存。按 F12 键,在浏览器中预览创建锚记链接后的效果,单击页面上的锚记链接,即可查看相应的内容,如图4-87所示。

图4-87 预览效果

4.2.2 创建 E-mail 链接

为了方便浏览者与网站管理者之间的沟通,一般的网页中都会设有一个电子邮件的链接。电子邮件是一种极为特殊的链接，单击它，不会自动跳转到指定网页位置上，而是会自动打开一个默认的电子邮件处理系统，如图4-88所示。

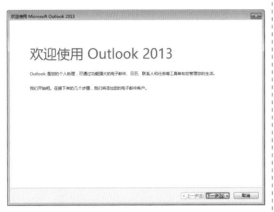

图4-88　默认的电子邮件处理系统

创建电子邮件链接的具体操作步骤如下。

01 打开"素材\Cha04\创建E-mail链接素材.html"素材文件，如图4-89所示。

图4-89　打开素材文件

02 选中【联系我们】文本，在菜单栏中选择【插入】|HTML|【电子邮件链接】命令，如图4-90所示。

03 弹出【电子邮件链接】对话框，在【电子邮件】文本框中输入一个电子邮件地址，如test123@123.net，如图4-91所示。

04 单击【确定】按钮，即可在页面中创建一个电子邮件链接。

05 在菜单栏中选择【文件】|【保存】命令，保存文档。按F12键，在浏览器中预览效果，单击添加【联系我们】的文本，即可打开【欢迎使用Microsoft Outlook 2013】窗口。根据提示，单击【下一步】按钮，即可出现【添加账户】窗口，如图4-92所示，根据提示添加账户即可。

图4-90　选择【电子邮件链接】命令

图4-91　【电子邮件链接】对话框

图4-92　【添加账户】窗口

4.2.3　创建下载链接

如果需要在网站中为浏览者提供图片或文字的下载资料，就必须为这些图片或文字提供下载链接。如果超链接的网页文件格式为RAR、MP3、EXE等，单击链接就会下载指定的文件。

创建下载文件链接的具体操作步骤如下。

01 打开"素材 \Cha04\ 创建下载链接素材 .html"素材文件，如图 4-93 所示。

图 4-93　打开原始文件

02 选中【图片下载】文本，在【属性】面板中单击【链接】文本框右侧的【浏览文件】按钮，如图 4-94 所示。

图 4-94　单击【浏览文件】按钮

03 在弹出【选择文件】对话框中选择"素材 \Cha04\ 万里长城 .jpg"素材文件，单击【确定】按钮，即可创建下载链接，如图 4-95 所示。

图 4-95　【选择文件】对话框

04 对制作完成的文档进行另存。按 F12 键，在浏览器中预览效果，在页面中单击【图片下载】文本，即可下载图片，如图 4-96 所示。

图 4-96　文件下载

4.2.4　创建空链接

空链接是一种没有指定位置的链接，一般用于为页面上的对象或文本附加行为。

创建一个空链接的具体操作步骤如下。

01 打开"素材 \Cha04\ 创建空链接素材 .html"素材文件，如图 4-97 所示。

图 4-97　打开原始文件

02 选中需要设置链接的文本，在【属性】面板的【链接】文本框中输入 #，按 Enter 键确认操作，即可创建空链接，如图 4-98 所示。

图 4-98　创建空链接

03 保存文档，按 F12 键在浏览器中预览效果，如图 4-99 所示。

图 4-99　预览效果

4.2.5　创建热点链接

热点链接就是利用 HTML 语言在图像上定义一定范围，然后为其添加链接，所添加热点链接的范围称之为热点链接。

创建热点链接的具体操作步骤如下。

01 打开"素材\Cha04\创建热点链接素材.html"素材文件，如图 4-100 所示。

图 4-100　打开原始文件

02 选中需要创建热点链接的图片，在【属性】面板左下角可以看到 4 个热点工具，分别是【指针热点工具】、【矩形热点工具】、【圆形热点工具】和【多边形热点工具】，如图 4-101 所示。

图 4-101　热点工具

03 选择一个热点工具，在如图 4-102 所示的位置绘制一个热点范围，并调整至合适的位置。

图 4-102　绘制热点范围

04 单击【属性】面板中【链接】文本框右侧的【浏览文件】按钮，在弹出的【选择文件】对话框中选择"杭州西湖.jpg"素材文件，单击【确定】按钮，即可创建热点链接，如图 4-103 所示。

图 4-103　【选择文件】对话框

05 在菜单栏中选择【文件】|【保存】命令，保存文档。按 F12 键，在浏览器中预览效果，如图 4-104 所示。

图 4-104　预览效果

4.3 上机练习——制作绿色软件网页

素材	素材\Cha04\"绿色软件网页"文件夹
场景	场景\Cha04\上机练习——制作绿色软件网页.html
视频	视频教学\Cha04\4.3 上机练习——制作绿色软件网页.mp4

本例将介绍如何制作绿色软件网页，主要使用 Div 对网页进行布局，向单元格内输入文字、插入图片，通过 Div 对网站的结构进行细化调整，完成后的效果如图 4-105 所示。

图 4-105　绿色软件网页

01 启动 Dreamweaver CC 软件后，新建一个 HTML 文档。按 Ctrl+Alt+T 组合键，弹出 Table 对话框，将【行数】和【列】均设为 1，将【表格宽度】设为 1000 像素，将【边框粗细】、【单元格边距】和【单元格间距】均设置为 0，如图 4-106 所示。

图 4-106　Table 对话框

02 单击【确定】按钮，将光标插入到表格中，在【属性】面板中将【高】设置为 78，如图 4-107 所示。

图 4-107　设置表格格式

03 将光标插入到表格中，单击【拆分】按钮，切换至拆分视图中。在打开的界面中，找到光标所在的段落，将光标插入到 <td 的右侧，如图 4-108 所示。

图 4-108　拆分视图

04 按空格键,在弹出的下拉列表中选择 background 命令并双击,如图 4-109 所示。

图 4-109 设置背景

05 执行上一步操作后,即可弹出【浏览】按钮,单击该按钮,打开【选择图像源文件】对话框,选择"绿色软件网页\素材 1.jpg"素材文件,单击【确定】按钮,返回到文档中。单击 设计 按钮,切换至设计视图中,效果如图 4-110 所示。

图 4-110 设计视图

06 按 Ctrl+Alt+I 组合键,打开【选择图像源文件】对话框,选择"绿色软件网页\素材 2.png"素材文件,单击【确定】按钮,效果如图 4-111 所示。

图 4-111 插入图片

07 在表格的右侧外插入光标,按 Shift+Enter 组合键另起新行,单击鼠标左键,根据前面介绍的方法插入单元格,如图 4-112 所示。

图 4-112 插入表格并设置格式

08 按 Ctrl+Alt+I 组合键,打开【选择图像源文件】对话框,选择"绿色软件网页\素材 3.jpg"素材文件,单击【确定】按钮,效果如图 4-113 所示。

图 4-113 插入图片

09 将光标插入到表格下方的空白处,在菜单栏中选择【插入】|Div 命令,打开【插入 Div】对话框,在 ID 文本框中输入名称,如图 4-114 所示。

图 4-114 【插入 Div】对话框

10 单击【新建 CSS 规则】按钮,在打开的对话框中单击【确定】按钮,将再次弹出一个对话框,选择【分类】列表框中的【定位】项选,在右侧将 Position 设置为 absolute,设置完成后单击【确定】按钮,如图 4-115 所示。

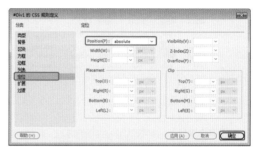

图 4-115 设置新建 Div 的规则

11 返回到【插入 Div】对话框中,单击【确定】按钮。选中插入的 Div,在【属性】面板中将【宽】设置为 177px,将【高】设置为 662px,将【左】设置为 8px,将【上】设置为 132px,【背景颜色】设置为 #f0f2f3,如图 4-116 所示。

图 4-116 设置 Div 属性

12 将光标插入至 Div 中,将文本删除,按 Ctrl+Alt+T 组合键,弹出 Table 对话框,将【行数】设置为 14,将【列】设置为 1,将【表格宽度】设置为 100%,将【边框粗细】、【单元格边距】和【单元格间距】均设置为0，单击【确定】按钮，如图4-117所示。

图4-117　Table对话框

> **提示**
>
> 　　如果没有明确指定边框粗细或单元格间距和单元格边距的值，则大多数浏览器都按边框粗细和单元格边距设置为1、单元格间距设置为2来显示表格。若要确保浏览器显示表格时不显示边距或间距，需将【单元格边距】和【单元格间距】设置为0。

13 选中所有单元格，在【属性】面板中将【高】设置为40，将【水平】设置为【居中对齐】，如图4-118所示。

图4-118　设置单元格格式

14 在各个单元格中输入文本。选中文本，在【属性】面板中将【字体】设置为【微软雅黑】，将第一行单元格文本的【大小】设置为16px，将文字颜色设置为#FFFFFF，将【背景颜色】设置为#5DBE1C，如图4-119所示。

图4-119　输入文本并设置格式

15 其他单元格中文本的【大小】设置为14px，将数字与括号的文字颜色设置为#999999，如图4-120所示。

图4-120　设置文本格式

16 在文档中空白的位置单击鼠标，使用同样方法插入一个新的Div。选中插入的Div，在【属性】面板中将【宽】设置为230px，将【高】设置为283px，将【左】设置为777px，将【上】设置为132px，将【背景颜色】设置为#f0f2f3，如图4-121所示。

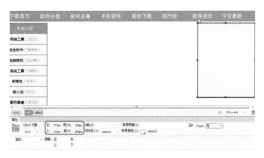

图4-121　插入并设置Div

17 将光标插入Div之中，使用前面介绍的方法插入一个4行1列的表格，将【表格宽度】设置为100%。选中所有单元格，在【属性】面板中将【水平】设置为【居中对齐】，第一行单元格的【高】设置为30，其他单元格的【高】设置为70，如图4-122所示。

图4-122　设置单元格格式

18 输入【今日推荐】文本。选中输入的文本，将【字体】设置为【微软雅黑】，将【大小】设置为18px，将文字颜色设置为#FFFFFF，将【背景颜色】设置为#5dbe1c，如图4-123所示。

图4-123 输入文本并设置格式

19 设置完成后，根据前面介绍的方法，在单元格中插入图片素材，效果如图4-124所示。

图4-124 插入素材

20 在文档中空白的位置单击鼠标，使用同样方法插入一个新的Div。选中插入的Div，在【属性】面板中将【宽】设置为230px，将【高】设置为382px，将【左】设置为777px，将【上】设置为410px，将【背景颜色】设置为#f0f2f3，如图4-125所示。

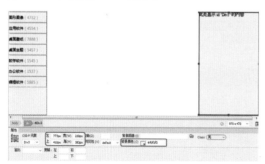

图4-125 插入并设置Div

21 将光标插入至Div中，将文本删除，使用前面介绍的方法插入一个11行3列的表格，将【表格宽度】设置为100%。选中插入的第1行单元格，在【属性】面板中单击【合并所选单元格，使用跨度】按钮，合并所选单元格，然后分别设置3列单元格的宽度，效果如图4-126所示。

图4-126 设置表格属性

22 将光标插入到第一行的单元格中，输入【排行榜】文本，在【属性】面板中将【字体】设置为【微软雅黑】，将【大小】设置为18px，将文字颜色设置为白色，将【水平】设置为【居中对齐】，将【垂直】设置为【居中】，将【高】设置为35，将【背景颜色】设置为#5DBE1C，如图4-127所示。

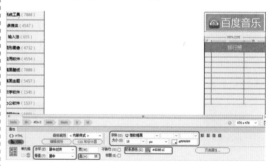

图4-127 输入文本并设置表格属性

23 根据前面介绍的方法，在该表格中输入其他文本，设置背景颜色及高度，并插入图片素材，效果如图4-128所示。

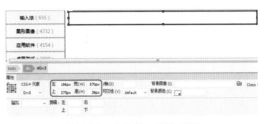

图4-131 再次插入并设置Div

27 根据前面介绍的方法向Div中插入一个1行7列的表格,将【表格宽度】设置为100%,将【宽】设置为80,将【高】设置为30,将【背景颜色】设置为#5DBE1C,如图4-132所示。

图4-132 插入表格并设置格式

> **提 示**
> 在【属性】面板中,设置表格、Div或其他对象的【宽】或【高】时,在其参数尾处添加或不添加"%",结果是不一样的。

28 使用前面介绍的方法输入文本并将文本的【字体】设置为【微软雅黑】,将文字颜色设置为白色,将【水平】设置为【居中对齐】,如图4-133所示。

图4-133 输入文本

29 继续插入一个Div,将文本删除,在【属性】面板中将【宽】设置为570px,将【高】设置为380px,将【左】设置为196px,将【上】设置为415px,将【背景颜色】设置为#f0f2f3,如图4-134所示。

30 根据前面介绍的方法向Div中插入一个6行5列的表格,将【表格宽度】设置为

图4-128 在其他单元格中输入文本并设置格式

24 在文档中空白的位置单击鼠标,使用同样方法插入一个新的Div。选中插入的Div,在【属性】面板中将【宽】设置为570px,将【高】设置为240px,将【左】设置为196px,将【上】设置为132px,将【背景颜色】设置为#f0f2f3,如图4-129所示。

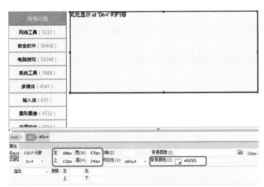

图4-129 插入并设置Div

25 将光标插入至Div中,将文本删除,根据前面介绍的方法,在Div中插入图像素材,如图4-130所示。

图4-130 插入素材

26 再次插入一个Div,将文本删除,然后在【属性】面板中将【宽】设置为570px,将【高】设置为39 px,将【左】设置为196px,将【上】设置为375 px,如图4-131所示。

100%，并对单元格的【宽】和【高】进行设置，效果如图 4-135 所示。

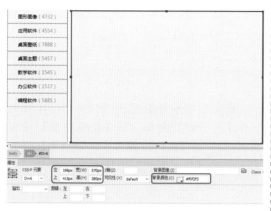

图 4-134　插入并设置 Div

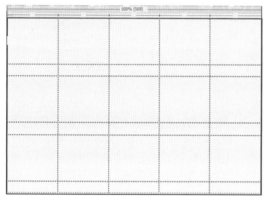

图 4-135　向 Div 中插入表格

31 根据前面介绍的方法，在各个表格中插入图像素材和输入文本，并进行相应的设置，效果如图 4-136 所示。

图 4-136　插入素材并输入文本

32 综合前面介绍的方法插入 Div 和表格，设置背景颜色，输入文本并进行相应的设置，效果如图 4-137 所示。

图 4-137　制作其他效果

4.4　思考与练习

1. 如何使用快捷菜单创建链接？

2. 如何使用【属性】面板创建链接？

3. 如何使用【属性】面板中的【指向文件】图标创建链接？

第 5 章 旅游交通类网页设计——使用 CSS 样式修饰页面

本章简单讲解使用CSS样式修饰页面，其中重点学习天气预报网页、旅游网站以及路畅网网页的制作。

基础知识
- CSS 基础
- 创建 CSS 样式

重点知识
- 边框样式的定义
- 链接外部样式表

提高知识
- 修改 CSS 样式
- 创建嵌入式 CSS 样式

在网页制作中，如果不使用CSS样式，那么对文档运用格式将会十分烦琐。CSS样式可以对文档进行精细的页面美化，还可以保持网页风格一致，达到统一的效果，并且便于调整和修改，更降低了网页编辑和修改的工作量。

5.1 制作天气预报网页——初识CSS

本案例将介绍天气预报网页的制作方法。天气预报或气象预报是使用现代科学技术对未来某一地点地球大气层的状态进行预测，天气预报网页的效果如图5-1所示。

图5-1 天气预报网页

素材	素材\Cha05\"天气预报网"文件夹
场景	场景\Cha05\制作天气预报网页——初识CSS.html
视频	视频教学\Cha05\5.1 制作天气预报网页——初识CSS.mp4

01 启动 Dreamweaver CC 软件后，在菜单栏中选择【文件】|【打开】命令，选择"天气预报网页素材"素材文件，打开后效果如图5-2所示。

图5-2 打开的素材文件

02 单击鼠标右键，在弹出的快捷菜单中选择【CSS 样式】|【新建】命令，弹出【新建 CSS 规则】对话框，将【选择器名称】设置为 ge3，如图5-3 所示。

图5-3 设置选择器名称

03 单击【确定】按钮，在【分类】列表框中选择【边框】选项，在右侧将 Top 设置为 solid，将 Width 设置为 thin，将 Color 设置为 #09F，如图5-4 所示。

图5-4 设置边框

04 单击【确定】按钮。选择表格，在【属性】面板中将【目标规则】设置为 .ge3，单击【实时视图】按钮，观看效果，如图5-5 所示。

图5-5 设置完成后的效果

05 将光标置入插入的表格内，打开Table对话框，将【行数】、【列】分别设置为1、4，将【表格宽度】设置为241像素，将【单元格边距】设置为5，其他均设置为0，如图5-6所示。

图5-6 Table对话框

06 选择插入的表格，将第1、2、3、4列单元格的【宽】分别设置为60、30、30、81，将【高】设置为35，在第1列、第4列单元格内输入文本，并将文本的CSS样式设置为A3，将第4列单元格的【水平】设置为【右对齐】，完成后的效果如图5-7所示。

图5-7 输入文本后的效果

07 将光标置入第2列单元格内，按Ctrl+Alt+I组合键，打开【选择图像源文件】对话框，选择"天气预报网\晴.png"素材文件，如图5-8所示。

08 单击【确定】按钮。选择插入的图片，将【宽】、【高】进行锁定，将【宽】设置为23，完成后的效果如图5-9所示。

图5-8 选择素材图片

图5-9 插入素材图片

09 使用同样的方法插入图片和表格，并在单元格内进行相应的设置，如图5-10所示。

图5-10 设置完成后的效果

10 将光标置入表格的右侧，按Ctrl+Alt+T组合键，打开Table对话框，将【行数】、【列】均设置为1，将【表格宽度】设置为820像素，将【单元格间距】设置为10，其他均设置为0，如图5-11所示。

11 单击【确定】按钮。选择插入的表格，将Align设置为【居中对齐】，将【高】设置为32，将【背景颜色】设置为#9DD6FF，如

图 5-12 所示。

图5-11 Table对话框

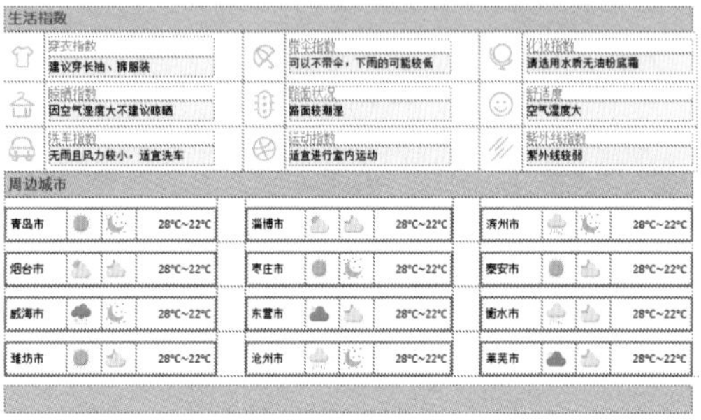

图5-12 为表格填充颜色

12 将光标置入单元格内，将【水平】设置为【居中对齐】。在单元格内输入文本，并将文本的【目标规则】设置为 .A3，单击【实时视图】按钮观看效果，如图 5-13 所示。

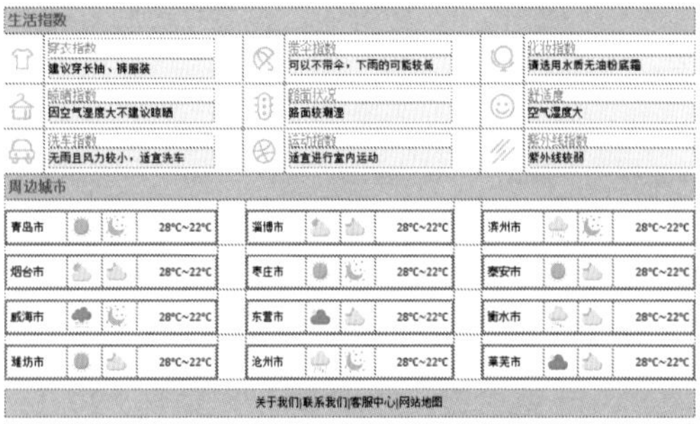

图5-13 输入文本并为其设置样式

> **提 示**
> 预览此网页时，可能会出现表格错行现象，用户可以在浏览器中修改一下兼容试图，比如在 IE 浏览器中按 F12 键，在浏览器模式中选择兼容性视图。

5.1.1 CSS基础

CSS 是 Cascading Style Sheet 的简称，也被译作"层叠样式表单"或"级联样式表"，用于控制网页内容的外观，利用其可以制作出绚丽、美观的页面效果，实现 HTML 标记无法表现的效果。

对用户来说，CSS 是一个非常灵活、方便的工具，我们可以不用在文档的结构中编写烦琐的样式，就将所有有关文档样式的指定内容全部脱离出来，在行内定义，在标题中定义，甚至可以作为外部样式文件供 HTML 调用。

在默认情况下，Dreamweaver 均使用 CSS 样式表设置文本格式。使用【属性】面板或菜单命令对文本应用的样式将自动创建为 CSS 规则。当 CSS 样式更新后，所有应用了该样式的文档格式都会自动更新。

CSS 样式表的特点如下。

- 使用 CSS 样式表可灵活地设置网页中文字的字体、颜色、大小、间距等。
- 使用 CSS 样式表可灵活地设置一段文本的间距、行高、缩进及对齐方式等。
- 使用 CSS 样式表可方便地为网页中的元素设置不同的背景颜色、背景图像以及位置。
- 使用 CSS 样式表可为网页中的元素设置各种过滤器，从而产生透明、模糊、阴影等效果。
- 使用 CSS 样式表可灵活地与脚本语言相结合，从而便可产生各种动态效果。
- CSS 样式表几乎在所有浏览器中都可以使用。由于 CSS 样式是 HTML 格式的代码，因此网页打开的速度非常快。
- 使用 CSS 样式表，便于修改、维护和更新大量网页。

5.1.2 【CSS设计器】面板

在【CSS 设计器】面板中可以创建、编辑和删除 CSS 样式，还可以添加外部样式到文档中。使用【CSS 设计器】面板可以查看文档所

第 5 章 旅游交通类网页设计——使用CSS样式修饰页面

有CSS规则和属性，也可以查看所选择页面元素的CSS规则和属性。

在菜单栏中选择【窗口】|【CSS设计器】命令，如图5-14所示，即可打开【CSS设计器】面板。在【CSS设计器】面板中会显示已有CSS样式，如图5-15所示。

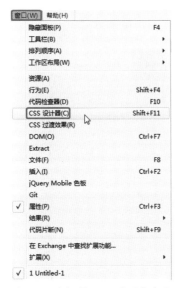

图5-14 选择【CSS设计器】命令

图5-15 【CSS设计器】面板

5.2 制作旅游网站（一）——定义CSS样式的属性

本案例将介绍如何制作旅游网站主页。该案例主要通过插入表格、图像、输入文字并应用CSS样式以及为表格添加不透明度效果等操作来完成网站主页的制作，效果如图5-16所示。

图5-16 旅游网站（一）

素材	素材\Cha05\"旅游网站"文件夹
场景	场景\Cha05\制作旅游网站（一）——定义CSS样式的属性.html
视频	视频教学\Cha05\5.2 制作旅游网站（一）——定义CSS样式的属性.mp4

01 启动Dreamweaver CC软件后，在菜单栏中选择【文件】|【打开】命令，选择"旅游网站（一）"素材文件，打开后效果如图5-17所示。

137

图5-17 打开的素材文件

02 将光标置于第9列单元格中，插入一个1行4列的表格，设置【单元格间距】为8，设置【表格宽度】为970像素，将光标置于第1列单元格中，将【宽】、【高】分别设置为231、300，如图5-18所示。

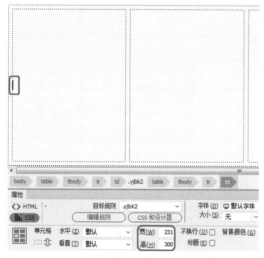

图5-18 插入单元格并设置其宽、高

03 继续将光标置于该单元格中，按Ctrl+Alt+T组合键，在弹出的Table对话框中将【行数】、【列】分别设置为6、1，将【表格宽度】设置为231像素，将【单元格间距】设置为0，如图5-19所示。

04 设置完成后，单击【确定】按钮。将光标置于第1行单元格中，输入【国内游】文本。选中输入的文本，新建一个wz12的CSS样式，在弹出的对话框中将Font-family设置为【微软雅黑】，将Font-size设置为18px，将Color设置为#e34646，如图5-20所示。

图5-19 设置表格参数

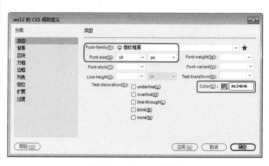

图5-20 设置文本参数

05 设置完成后，单击【确定】按钮。为该文本应用新建的CSS样式，在【属性】面板中将【高】设置为35，如图5-21所示。

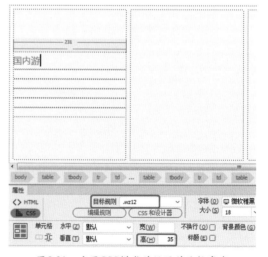

图5-21 应用CSS样式并设置单元格高度

第 5 章 旅游交通类网页设计——使用CSS样式修饰页面

06 将光标置于第 2 行单元格中，输入文本。选中输入的文本，单击鼠标右键，在弹出的快捷菜单中选择【CSS 样式】|【新建】命令，如图 5-22 所示。

图5-22　选择【新建】命令

07 在弹出的对话框中将【选择器名称】设置为 wz13，单击【确定】按钮。将 Font-family 设置为【微软雅黑】，将 Font-size 设置为 14px，将 Line-height 设置为 25px，如图 5-23 所示。

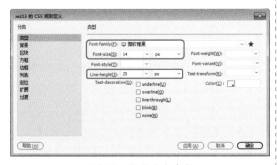

图5-23　设置文本参数

08 设置完成后，再在该对话框中选择【区块】选项，将 Letter-spacing 设置为 1px，如图 5-24 所示。

图5-24　设置字母间距

09 设置完成后，为输入的文本应用新建的 CSS 样式。使用相同的方法输入其他文本，并为其应用相应的 CSS 样式，效果如图 5-25 所示。

图5-25　输入其他文本并应用CSS样式

10 根据前面所介绍的方法在文本的右侧插入表格和图像，并输入文本，效果如图 5-26 所示。

图5-26　插入表格和图像并输入文本

11 根据前面所介绍的方法制作其他网页效果，并将表格底部多余的单元格删除，效果如图 5-27 所示。

图5-27　制作其他对象后的效果

5.2.1　创建CSS样式

在 Dreamweaver CC 中，要想实现页面的布局、字体、颜色、背景等效果，首先需要创建 CSS 样式，下面介绍如何创建 CSS 样式。

01 选中需要更改样式的内容，单击鼠标右键，在弹出的快捷菜单中选择【CSS 样式】|【新建】命令，如图 5-28 所示。

139

图 5-28　选择【新建】命令

02 系统将自动弹出【新建 CSS 规则】对话框，如图 5-29 所示。

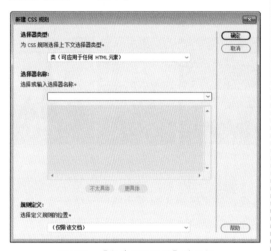

图 5-29　【新建 CSS 规则】对话框

03 在该对话框中将【选择器类型】设置为【复合内容（基于选择的内容）】，将【规则定义】设置为【（仅限该文档）】，如图 5-30 所示。

图 5-30　设置 CSS 规则

04 单击【确定】按钮，可以在弹出的对话框中对 CSS 样式进行设置，如图 5-31 所示。然后单击【确定】按钮即可。

图 5-31　创建 CSS 样式

在【新建 CSS 规则】对话框中，【选择器类型】下拉列表中各选项功能介绍如下。

- 【类（可应用于任何 HTML 元素）】：可以创建一个作为 class 属性应用于任何 HTML 元素的自定义样式。类名称必须以英文字母或句点开头，不可包含空格或其他符号。

- 【ID（仅应用于一个 HTML 元素）】：定义包含特定 ID 属性的标签的格式。ID 名称必须以英文字母开头，Dreamweaver 将自动在名称前添加 #，不可包含空格或其他符号。

- 【标签（重新定义 HTML 元素）】：重新定义特定 HTML 标签的默认格式。

- 【复合内容（基于选择的内容）】：定义同时影响两个或多个标签、类或 ID 的复合规则。

- 【仅限该文档】：在当前文档中嵌入样式。

- 【新建样式表文件】：创建外部样式表。

5.2.2　类型属性

在 CSS 规则定义的对话框中，选择【分类】列表框中的【类型】选项，其中主要包含文本的字体、颜色及字体的风格等设置，如图 5-32 所示。

图5-32 【类型】选项卡

在【类型】选项卡中可以对以下内容进行设置。

- Font-family：在该下拉列表中选择所需字体。用户可以选择列表中的【编辑字体】选项，在弹出的【编辑字体】对话框中，添加需要的字体，如图5-33所示。

图5-33 选择字体

- Font-size：用于调整文本的大小，常用的单位是px(像素)，可以通过数字和度量单位选择特定的大小，也可以选择相对大小，如图5-34所示。

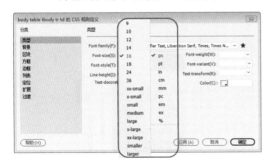

图5-34 选择字体大小

- Font-style：用于设置字体的风格，在该下拉列表中包含normal（正常）、italic（斜体）、oblique（偏斜体）和inherit（继承）4种字体样式，默认为

normal，如图5-35所示。

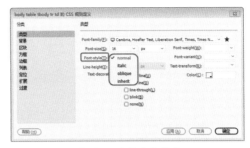

图5-35 选择字体样式

- Line-height：用于控制行与行之间的垂直距离，也就是设置文本所在行的高度。用户在选择normal选项时，系统将自动计算字体的行高。当然为了更加精确，用户也可以输入确切的值以及选择相应度量单位，如图5-36所示。

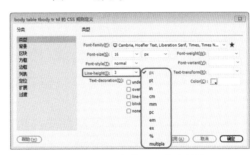

图5-36 设置行高以及度量单位

- Font-weight：对字体应用特定或相对的粗体量。在该下拉列表中可以根据用户所需进行相应的设置，如图5-37所示。其中，值400是正常值，而值700属于粗体。

图5-37 设置粗体数值

- Font-variant：用于设置是否将小写字母更改为大写字母。用户可根据所需进行设置，如图5-38所示。

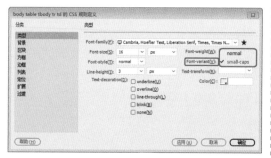

图5-38　设置文本的小写字母更改为大写字母

图5-41　设置文本显示状态

- Text-transform：将所选内容中的每个单词的首字母大写或将文本设置为全部大写或小写。用户可根据所需进行设置，如图5-39所示。

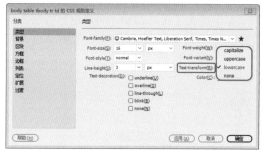

图5-39　设置字母大小写

- Color：用于设置文本颜色。用户可根据所需进行设置，如图5-40所示。

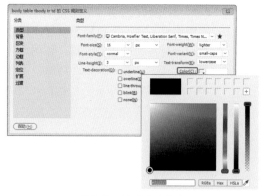

图5-40　设置文本颜色

- Text-decoration：控制链接文本的显示状态，可向文本中添加下划线、上划线、删除线或使文本闪烁。用户可根据所需进行设置，如图5-41所示。

5.2.3　背景样式的定义

在 CSS 规则定义的对话框中，选择【分类】列表框中的【背景】选项，主要用于在网页元素后面添加背景色或图像，如图5-42所示。

图5-42　【背景】选项卡

在【背景】选项卡中可以对以下内容进行设置。

- Background-color：设置背景颜色。用户可根据所需进行设置，如图5-43所示。

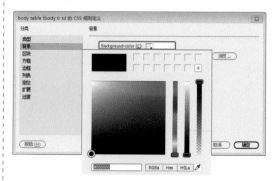

图5-43　设置背景颜色

- Background-image：用于设置背景图像。用户可根据所需进行设置，如图5-44所示。

图5-44 设置背景图像

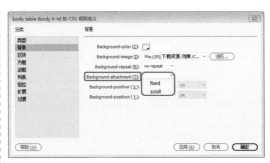

图5-46 设置背景图像是否随内容流动

- Background-repeat：用于设置是否以及如何重复背景图像。在下拉列表中包含4个选项。no-repeat（不重复）表示只在元素开始处显示一次图像。repeat（重复）表示在元素后面水平和垂直平铺图像。repeat-x（横向重复）和repeat-y（纵向重复）分别显示图像的水平带区和垂直带区，图像被剪裁以适合元素的边界。用户可根据所需进行设置，如图5-45所示。

5.2.4 区块样式的定义

在CSS规则定义的对话框中，选择【分类】列表框中的【区块】选项，可以对标签和属性的间距和对齐进行设置，如图5-47所示。

图5-47 【区块】选项卡

在【区块】选项卡中可以对以下内容进行设置。

图5-45 设置重复背景图像

- Background-attachment：用于设置背景图像是固定在其原始位置还是随内容一起滚动。用户可根据所需进行设置，如图5-46所示。此外，某些浏览器可能将固定选项视为滚动。Internet Explorer支持该选项，但Netscape Navigator不支持。

- Background-position（X/Y）：指定背景图像相对于元素的初始位置。

- Word-spacing：用于调整文字间的距离。可以指定为负值。如果要设定精确的值，可在其下拉列表中选择【(值)】选项，输入相应的数值，并可在右侧的下拉列表中选择相应的度量单位，如图5-48所示。

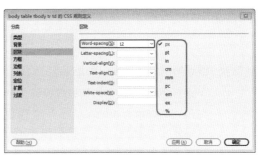

图5-48 设置间距数值以及度量单位

- Letter- spacing：用于增加或减小字母或字符的间距。输入正值增加，输入负值减小。字母间距设置覆盖对齐文本的设置，其作用与字符间距相似。用户可根据所需进行设置，如图5-49所示。

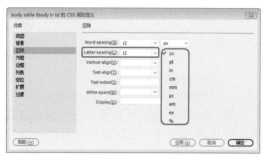

图5-49　设置字符间距

- Vertical-align：指定应用此属性的元素的垂直对齐方式。
- Text-align：用于设置文本在元素内的对齐方式。在其下拉列表中，包括4个选项，left 是指左对齐，right 是指右对齐，center 是指居中对齐，justify 是指调整使全行排满，使每行排齐。用户可根据所需进行设置，如图5-50所示。

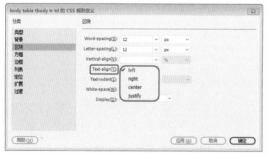

图5-50　设置文本在元素内的对齐方式

- Text-indent：指定第一行文本的缩进程度。可以使用负值创建凸出，用户可根据所需进行设置，如图5-51所示。
- White-space：确定如何处理元素中的空白，Dreamweaver CC 不在文档窗口中显示此属性。在下拉列表中有3个选项，normal 表示收缩空白。pre 表示其处理方式与文本被括在 pre 标签中一样（即保留所有空白，包括空格、制表符和回车）。nowrap 指定仅当遇到 br 标签时文本才换行。用户可根据所需进行设置，如图5-52所示。

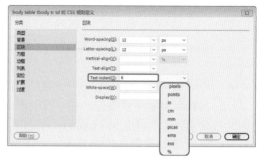

图5-51　设置文本的缩进程度

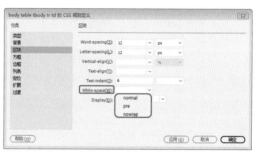

图5-52　设置元素中的空格

- Display：指定是否显示以及如何显示元素。none 选项表示禁止显示该元素。用户可根据所需进行设置，如图5-53所示。

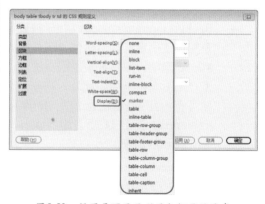

图5-53　设置是否显示以及如何显示元素

5.2.5　方框样式的定义

在 CSS 规则定义的对话框中，选择【分类】

列表框中的【方框】选项，主要用于设置元素在页面上的放置方式和属性，如图5-54所示。

图5-54 【方框】选项卡

在【方框】选项卡中可以对以下内容进行设置。

- Width 和 Height：用于设置元素的宽度和高度。用户可根据所需进行设置，如图5-55所示。

图5-55 设置元素的宽度和高度

- Float：用于设置其他元素（如文本、AP Div、表格等）围绕元素的哪个边浮动，其他元素按通常的方式环绕在浮动元素的周围。用户可根据所需进行设置，如图5-56所示。

图5-56 设置元素的浮动效果

- Clear：用于清除设置的浮动效果。用户可根据所需进行设置，如图5-57所示。

图5-57 设置浮动效果

- Padding：指定元素内容与元素边框之间的间距大小。取消选择【全部相同】复选框，可设置元素各个边框之间的距离。用户可根据所需进行设置，如图5-58所示。

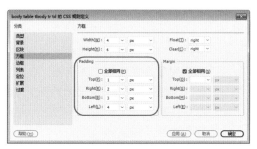

图5-58 设置元素内容与元素边框之间的间距

- Margin：指定一个元素的边框与另一个元素之间的间距。仅当该属性应用于块级元素（段落、标题、列表等）时，Dreamweaver CC 才会在文档窗口中显示它。取消选择【全部相同】复选框，可设置元素的【上】、【右】、【下】、【左】各个边的边距。用户可根据所需进行设置，如图5-59所示。

图5-59 设置各个边的边距

5.2.6 边框样式的定义

在 CSS 规则定义的对话框中，选择【分类】列表框中的【边框】选项，主要用于设置元素周围边框，如图 5-60 所示。

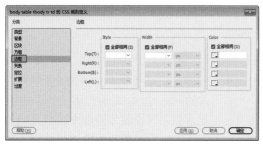

图 5-60 【边框】选项卡

在【边框】选项卡中可以对以下内容进行设置。

- Style：用于设置边框的样式外观。样式的显示方式取决于浏览器。取消选择【全部相同】，可设置元素各个边的边框样式。用户可根据所需进行设置，如图 5-61 所示。

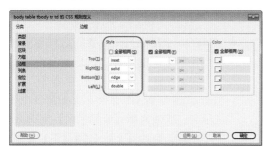

图 5-61 设置元素各个边的边框样式

- Width：用于设置元素边框的粗细。取消选择【全部相同】，可设置元素各个边的边框宽度。用户可根据所需进行设置，如图 5-62 所示。

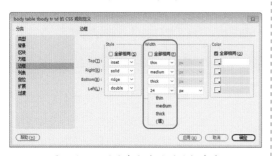

图 5-62 设置元素各个边的边框宽度

- Color：用于设置边框的颜色。可以分别设置每条边的颜色，但显示方式取决于浏览器。取消选择【全部相同】，可设置元素各个边的边框颜色。用户可根据所需进行设置，如图 5-63 所示。

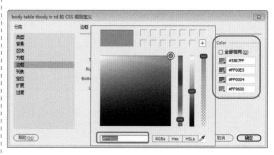

图 5-63 设置每条边的颜色

5.2.7 列表样式的定义

在 CSS 规则定义的对话框中，选择【分类】列表框中的【列表】选项，主要定义 CSS 规则的列表样式，如图 5-64 所示。

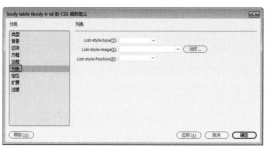

图 5-64 【列表】选项卡

在【列表】选项卡中可以对以下内容进行设置。

- List-style-type：用于设置项目符号或编号的外观。用户可根据所需进行设置，如图 5-65 所示。

图 5-65 设置项目符号

- List-style-image：可以为项目符号指定自定义图像。单击【浏览】按钮选择图像，或在文本框中输入图像的路径，即可指定自定义图像。用户可根据所需进行设置，如图 5-66 所示。

图5-66　项目符号自定义图像

- List-style-position：用于描述列表的位置。用户可根据所需进行设置，如图 5-67 所示。

图5-67　设置列表位置

5.2.8 定位样式的定义

在 CSS 规则定义的对话框中，选择【分类】列表框中的【定位】选项，可以定义 CSS 规则的定位样式，使其能够精确地控制网页中的元素，如图 5-68 所示。

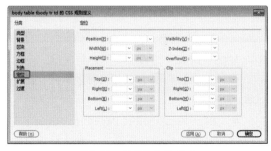

图5-68　【定位】选项卡

在【定位】选项卡中可以对以下内容进行设置。

- Position：用于确定浏览器应如何来定位选定的元素，在其下拉列表中包括 4 个选项，absolute 是指使用定位框中输入的、相对于最近的绝对或相对定位上级元素的坐标（如果不存在绝对或相对定位的上级元素，则为相对于页面左上角的坐标）来放置内容。fixed 是指使用定位框中输入的、相对于区块在文档文本流中的位置坐标来放置内容区块。relative 是指使用定位框中输入的坐标（相对于浏览器的左上角）来放置内容；当用户滚动页面时，内容将在此位置保持固定。static 是指将内容放在其在文本流中的位置，这是所有可定位的 HTML 元素的默认位置，用户可根据所需进行设置，如图 5-69 所示。

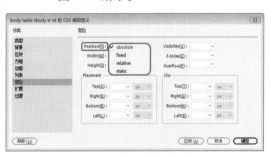

图5-69　定位选定的元素

- Visibility：用于控制网页中元素的隐藏。用户可以根据所需对其进行设置，如图 5-70 所示。inherit 表示继承内容父级的可见性属性。visible 表示将显示内容，而与父级的值无关。hidden 表示将隐藏内容，而与父级的值无关。

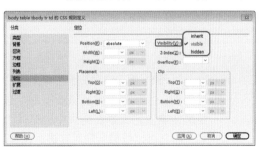

图5-70　设置网页中元素的隐藏属性

- Z-Index：用于网页中内容的叠放顺序，并可设置重叠效果。用户可以根据所需对其进行设置，如图 5-71 所示。

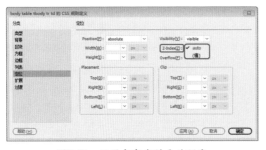

图5-71　网页中内容的叠放顺序

- Overflow：确定当容器的内容超出容器的显示范围时的处理方式。这些属性按以下方式控制扩展，visible 表示增加容器的大小，以使其所有内容都可见，容器将向右下方扩展。hidden 表示保持容器的大小并剪辑任何超出的内容，不提供任何滚动条。scroll 表示在容器中添加滚动条，而不论内容是否超出容器的大小（明确提供滚动条可避免滚动条在动态环境中出现和消失所引起的混乱），该选项不显示在文档窗口中。auto 表示滚动条仅在容器的内容超出容器的边界时才出现，该选项不显示在文档窗口中。用户可以根据所需对其进行设置，如图 5-72 所示。

图5-72　设置超出容器的显示范围时处理方式

- Placement：用于设置元素的绝对定位的类型，并且在设定完该类型后，该组属性将决定元素在网页中的具体位置。用户可以根据所需对其进行设置，如图 5-73 所示。

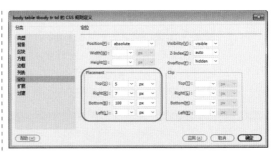

图5-73　元素在网页中的具体位置

- Clip：定义内容的可见部分。如果指定了剪辑区域，可以通过脚本语言访问它，并可创建特殊效果。用户可以根据所需对其进行设置，如图 5-74 所示。

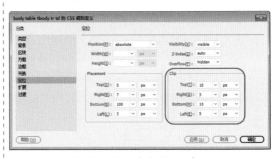

图5-74　设置内容的可见部分

5.2.9　扩展样式的定义

在 CSS 规则定义的对话框中，选择【分类】列表框中的【扩展】选项，可以设置 CSS 的规则样式，如图 5-75 所示。

图5-75　【扩展】选项卡

在【扩展】选项卡中可以对以下内容进行设置。

- Page-break-before/Page-break-after：可以控制打印时在某个元素之前或之后添加分页效果。
- Cursor：当指针位于样式所控制的对

象上时改变指针图像。用户可以根据所需对其进行设置，如图 5-76 所示。

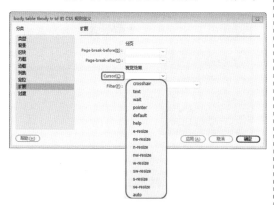

图 5-76　设置指针

- Filter：用于对样式所控制的对象应用特殊效果，可从弹出的下拉列表中添加各种特殊的过滤器效果。用户可以根据所需对其进行设置，如图 5-77 所示。

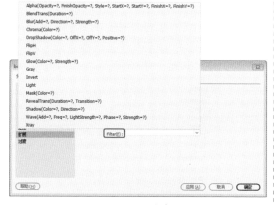

图 5-77　应用特殊效果

5.2.10　创建嵌入式CSS样式

通常我们把在 HTML 页面内部定义的 CSS 样式表，叫作嵌入式 CSS 样式表。使用 style 标签可以定义一系列 CSS 规则。

下面介绍创建嵌入式 CSS 样式的具体操作方法。

01 运行 Dreamweaver CC 软件，打开"素材\Cha05\茶品.html"素材文件，如图 5-78 所示。

图 5-78　打开素材文件

02 在页面中选择需要更改样式的内容，单击鼠标右键，在弹出的快捷菜单中选择【CSS 样式】|【新建】命令，如图 5-79 所示。

图 5-79　选择【新建】命令

03 在弹出的【新建 CSS 规则】对话框中，将【选择器类型】设置为【类（可应用于任何 HTML 元素）】，将【选择器名称】命名为 .ct，如图 5-80 所示。

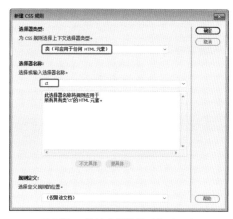

图 5-80　【新建CSS规则】对话框

149

04 单击【确定】按钮，系统将会自动弹出【.ct 的 CSS 规则定义】对话框，如图 5-81 所示。

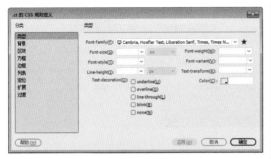

图 5-81 【.ct 的 CSS 规则定义】对话框

05 在该对话框的【分类】列表框中选择【类型】选项，然后在右侧的设置区域中将 Font-family 设置为【黑体】，将 Font-size 设置为 14px，将 Color 设置为 #00cc66，如图 5-82 所示。

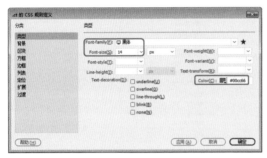

图 5-82 设置【.ct 的 CSS 规则定义】对话框

06 单击【确定】按钮，可以在【CSS 设计器】面板中进行查看。选择需要应用样式的文字，在【属性】面板的【目标规则】中应用样式，如图 5-83 所示。

图 5-83 应用样式

07 单击【应用】按钮后，效果如图 5-84 所示。

图 5-84 应用样式效果

5.2.11 链接外部样式表

在 Dreamweaver CC 中，外部样式表是包含了样式信息的一个单独文件。用户在编辑外部 CSS 样式表时，可以使用 Dreamweaver 的链接外部 CSS 样式功能，将其他页面的样式应用到当前页面中，具体操作步骤如下。

01 选中需要使用【CSS 规则样式】的内容，单击鼠标右键，在弹出的快捷菜单中选择【CSS 样式】|【附加样式表】命令，如图 5-85 所示。系统将自动弹出【使用现有的 CSS 文件】对话框，如图 5-86 所示。

图 5-85 选择【附加样式表】命令

图 5-86 【使用现有的 CSS 文件】对话框

第5章 旅游交通类网页设计——使用CSS样式修饰页面

02 在该对话框中单击【浏览】按钮，如图 5-87 所示。在弹出的【选择样式表文件】对话框中选择需要链接的样式，单击【确定】按钮，如图 5-88 所示。

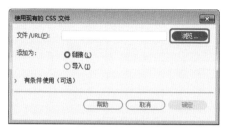

图5-87 单击【浏览】按钮

图5-88 【选择样式表文件】对话框

03 返回到【使用现有的 CSS 文件】对话框，单击【确定】按钮，外部样式表链接完成。在【CSS 设计器】面板中可以进行查看。

5.3 制作旅游网站（二）——编辑CSS样式

本案例将介绍如何制作旅游网站第二页，该案例主要以上一个案例为框架，对其进行修改和调整，从而完成第二页的制作，效果如图 5-89 所示。

素材	素材\Cha05\"旅游网站"文件夹
场景	场景\Cha05\制作旅游网站（二）——编辑CSS样式.html
视频	视频教学\Cha05\5.3 制作旅游网站（二）——编辑CSS样式.mp4

图5-89 旅游网站（二）

01 启动软件后，在菜单栏中选择【文件】|【打开】命令，选择"旅游网站（二）"素材文件，如图 5-90 所示。

图5-90 打开素材文件

02 将光标置于第 5 行单元格中，单击鼠标右键，在弹出的快捷菜单中选择【表格】|【插入行或列】命令，如图 5-91 所示。

03 在弹出的【插入行或列】对话框中选中【行】单选按钮，将【行数】设置为 7，如图 5-92 所示。

04 设置完成后，单击【确定】按钮。将光标置于第 5 行单元格中，按 Ctrl+Alt+T 组合键，在弹出的 Table 对话框中将【行数】、【列】分别设置为 1、2，将【表格宽度】设置为 970 像素，如图 5-93 所示。

151

图5-91 选择【插入行或列】命令

图5-92 设置插入表格的行数

图5-93 设置表格参数

05 设置完成后，单击【确定】按钮。将光标置于第1列单元格中，新建一个 .bk3 的 CSS 样式，在弹出的对话框中选择【边框】选项，将 Style、Width、Color 分别设置为 solid、5px、#9ED034，如图 5-94 所示。

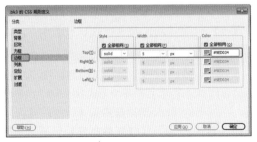

图5-94 设置边框参数

06 设置完成后，单击【确定】按钮。选中第1列单元格，为其应用新建的 CSS 样式，在【属性】面板中将【宽】设置为300，如图 5-95 所示。

图5-95 应用样式并设置单元格宽度

07 将光标继续置于该单元格中，按 Ctrl+Alt+T 组合键，在弹出的 Table 对话框中将【行数】、【列】分别设置为6、1，将【表格宽度】设置为300像素，将【单元格边距】设置为5，如图 5-96 所示。

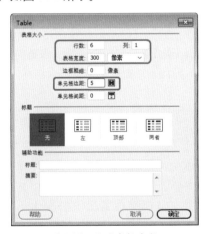

图5-96 设置表格参数

08 设置完成后，单击【确定】按钮。选中第1行单元格，为其应用 .bk2 的 CSS 样式，如图 5-97 所示。

09 继续将光标置于该单元格中，输入【出发港口】文本，选中输入的文本，新建一个 .wz19 的 CSS 样式，在弹出的对话框中将

Font-size 设置为 15px,将 Font-weight 设置为 bold,将 Color 设置为 #333,如图 5-98 所示。

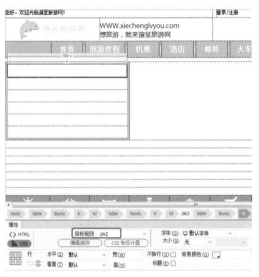

图 5-97 应用CSS样式

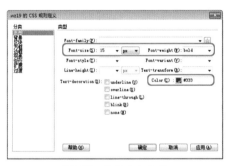

图 5-98 设置文本参数

10 设置完成后,单击【确定】按钮。为该文字应用新建的 CSS 样式,效果如图 5-99 所示。

图 5-99 应用样式后的效果

11 将光标置于第 2 行单元格中,输入文本,单击鼠标右键,在弹出的快捷菜单中选择【CSS 样式】|【新建】命令,如图 5-100 所示。

图5-100 选择【新建】命令

12 在弹出的对话框中将【选择器名称】设置为 .wz20,单击【确定】按钮。接着在弹出的对话框中将 Font-size 设置为 15px,将 Line-height 设置为 23px,将 Color 设置为 #666,如图 5-101 所示。

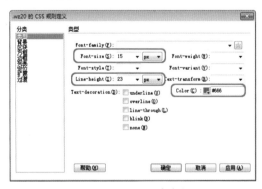

图5-101 设置文字参数

13 设置完成后,单击【确定】按钮。为该文本应用新建的 CSS 样式,并使用相同的方法在其他表格输入文本,效果如图 5-102 所示。

14 将光标置于 1 行两列的第 2 列单元格中,在【属性】面板中将【水平】设置为【右对齐】,将【宽】设置为 660,如图 5-103 所示。

153

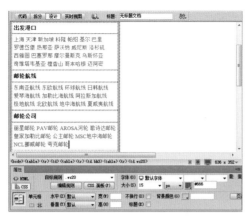

图5-102　应用样式并输入其他文本

图5-103　设置单元格属性

15 继续将光标置于该单元格中，按Ctrl+Alt+I组合键，在弹出的对话框中选择"旅游网站\邮轮1.jpg"素材文件，单击【确定】按钮。选中该图像，在【属性】面板中将【宽】、【高】分别设置为653px、381px，如图5-104所示。

图5-104　插入素材文件并设置格式

16 将光标置于第6行单元格中，在【拆分】视图中修改该单元格的代码，效果如图5-105所示。

图5-105　修改单元格代码

17 将光标置于第7行单元格中，输入【精选热门航线】文本。选中输入的文本，为其应用.wz2的CSS样式，将【高】设置为35，如图5-106所示。

图5-106　输入文本、应用样式并设置单元格高度

18 将光标置于第8行单元格中，按Ctrl+Alt+T组合键，在弹出的Table对话框中将【行数】、【列】分别设置为2、3，将【表格宽度】设置为970像素，将【单元格边距】、【单元格间距】分别设置为0、1，如图5-107所示。

19 设置完成后，单击【确定】按钮。选中第1列的两行单元格，按Ctrl+Alt+M组合键对其进行合并。将光标置于合并后的单元格中，在【属性】面板中将【宽】设置为282，如图5-108所示。

图5-107　设置表格参数

图5-108　合并单元格并设置单元格宽度

20 继续将光标置于该单元格中，按Ctrl+Alt+T组合键，在弹出的Table对话框中将【行数】、【列】分别设置为3、1，将【表格宽度】设置为282像素，将【单元格间距】设置为0，如图5-109所示。

图5-109　设置表格参数

21 设置完成后，单击【确定】按钮。将光标置于第1行单元格中，在【属性】面板中将【垂直】设置为【底部】，将【宽】、【高】分别设置为282、255，如图5-110所示。

图5-110　设置单元格属性

22 设置完成后，在【拆分】视图中为该单元格添加背景图像，效果如图5-111所示。

图5-111　添加背景图像

23 继续将光标置于该单元格中，在其中插入一个1行1列、宽度为282像素的表格。选中该表格的单元格，在【属性】面板中为其应用.btmd的CSS样式，将【水平】设置为【居中对齐】，将【高】设置为35，将【背景颜色】设置为#3A3A3A，如图5-112所示。

图5-112　插入表格并进行设置

24 将光标置于该单元格中，输入文本。选中输入的文本，为其应用.wz10的CSS样式，效果如图5-113所示。

图5-113　应用CSS样式

25 将光标置于第2行单元格中，输入文本。选中输入的文本，为其应用 .wz10 的 CSS 样式，在【属性】面板中将【高】设置为40，将【背景颜色】设置为 #ffa200，如图 5-114 所示。

图5-114　输入文本并设置单元格属性

26 将光标置于第3行单元格中，新建一个 .bk4 的 CSS 样式，在弹出的对话框中选择【边框】选项，取消勾选 Style、Width、Color 下的【全部相同】复选框，将 Top 右侧的 Style、Width、Color 分别设置为 dotted、thin、#FFF，如图 5-115 所示。

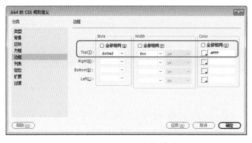

图5-115　设置边框参数

27 设置完成后，单击【确定】按钮。选中第3行单元格，为其应用新建的 CSS 样式，在【属性】面板中将【高】设置为89，将【背景颜色】设置为 #ffa200，如图 5-116 所示。

图5-116　应用样式并设置单元格属性

28 将光标置于该单元格中，输入文本。选中输入的文本，如图 5-117 所示。

图5-117　输入文本并选中

29 新建一个 .wz21 的 CSS 样式，在弹出的对话框中将 Font-size 设置为 13px，将 Line-height 设置为 26px，将 Color 设置为 #FFF，如图 5-118 所示。

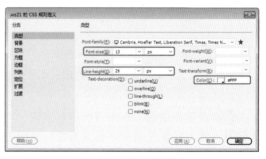

图5-118　设置CSS样式

第 5 章　旅游交通类网页设计——使用CSS样式修饰页面

30 设置完成后，单击【确定】按钮，为该文字应用新建的 CSS 样式，效果如图 5-119 所示。

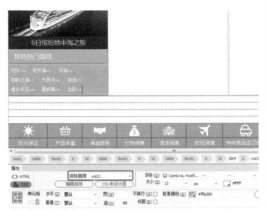

图5-119　应用样式后的效果

31 使用相同的方法在其右侧的单元格中插入图像和表格，并输入相应的文本，效果如图 5-120 所示。

图5-120　插入图像和表格并输入文本

32 将光标置于第 9 行单元格，在【拆分】视图中修改单元格的代码，如图 5-121 所示。

图5-121　修改单元格代码

33 将光标置于第 10 行单元格，在其中输入【常见问题】文本。选中该文本，新建一个 .wz22 的 CSS 样式，在弹出的对话框中将 Font-family 设置为【微软雅黑】，将 Font-size 设置为 20px，如图 5-122 所示。

图5-122　设置字体与大小

34 设置完成后，单击【确定】按钮。为该文本应用新建的 CSS 样式，在【属性】面板中将【高】设置为 35，如图 5-123 所示。

图5-123　应用CSS样式并设置单元格高度

35 将光标置于第 11 行单元格中，按 Ctrl+Alt+T 组合键，在弹出的 Table 对话框中将【行数】、【列】分别设置为 6、4，将【表格宽度】设置为 970 像素，如图 5-124 所示。

图5-124　设置表格参数

157

36 设置完成后，单击【确定】按钮。选中第1列单元格，在【属性】面板中将【水平】、【垂直】分别设置为【右对齐】、【顶端】，将【宽】设置为59，如图5-125所示。

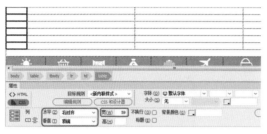

图5-125　设置单元格属性

37 将光标置于第1行的第1列单元格中，按Ctrl+Alt+I组合键，在弹出的对话框中选择"旅游网站\Q.png"素材文件，单击【确定】按钮。选中该素材文件，在【属性】面板中将【宽】、【高】均设置为35px，如图5-126所示。

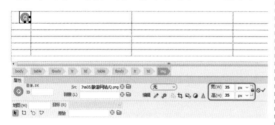

图5-126　设置素材文件大小

38 将光标置于第1行的第2列单元格中，输入文本，为其应用.wz20的CSS样式，并在【属性】面板中将【宽】设置为425，效果如图5-127所示。

39 使用同样的方法在其他单元格中输入文本并插入图像，效果如图5-128所示。

5.3.1 修改CSS样式

使用以下方法可以对CSS样式进行修改。

- 在【属性】面板中的【目标规则】下拉列表中选择需要修改的样式，然后单击【编辑规则】按钮，如图5-130所示，在弹出的CSS规则定义对话框中进行修改。

- 在【CSS设计器】面板中选择需要修改的CSS样式，在【属性】栏中对其进行修改，如图5-131所示。

图5-127　输入文本并设置单元格宽度

图5-128　输入其他文本并插入图像

40 将光标置于第12行单元格，在【属性】面板中将【高】设置为35，如图5-129所示。

图5-129　设置单元格高度

图5-130　在【属性】面板中修改

第 5 章　旅游交通类网页设计——使用CSS样式修饰页面

图5-131　【属性】栏

- 在文档中选择需要进行修改的CSS样式的文本。切换【CSS设计器】面板到【当前】选择模式下，在【属性】栏中可以对CSS样式进行修改，如图5-132所示。

图5-132　在【当前】选择模式中修改

5.3.2　删除CSS样式

使用以下方法可以将已有CSS样式删除。

- 在【CSS设计器】面板中，选择需要删除的样式，按Delete键删除。
- 在【CSS设计器】|【选择器】面板中，选择需要删除的样式，单击【删除选择器】按钮 - ，如图5-133所示。

图5-133　单击【删除选择器】按钮

5.3.3　复制CSS样式

下面介绍如何复制CSS样式。

01 在【CSS设计器】面板中，右键单击需要复制的样式，在弹出的快捷菜单中选择【直接复制】命令，如图5-134所示。

图5-134　选择【直接复制】命令

02 在【CSS设计器】|【选择器】面板中，更改复制后的CSS样式名称，CSS样式复制完成。返回到【CSS设计器】面板可以查看结果，如图5-135所示。

159

图5-135　查看复制样式

5.4 制作旅游网站（三）——使用CSS过滤器

本案例将介绍如何制作旅游网站第三页。首先以上一个案例为模板，然后进行修改和调整，从而完成第三页网站的制作，效果如图5-136所示。

图5-136　旅游网站（三）

素材	素材\Cha05\"旅游网站"文件夹
场景	场景\Cha05\制作旅游网站（三）——使用CSS过滤器.html
视频	视频教学\Cha05\5.4　制作旅游网站（三）——使用CSS过滤器.mp4

01 对"旅游网站（二）.html"场景文件进行另存，指定其保存路径和名称，并将不必要的内容删除，效果如图5-137所示。

图5-137　打开素材文件

02 将光标置于第5行单元格中，按Ctrl+Alt+I组合键，弹出【选择图像源文件】对话框，选择"旅游网站\图1.jpg"素材文件，完成后的效果如图5-138所示。

图5-138　插入素材图片

03 将光标置于第7行单元格中，单击鼠标右键，在弹出的快捷菜单中选择【表格】|【插入行或列】命令，如图5-139所示。

图5-139　选择【插入行或列】命令

04 在弹出的【插入行或列】对话框中选中【行】单选按钮,将【行数】设置为 4,如图 5-140 所示。

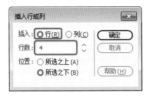

图5-140 设置行数

05 设置完成后,单击【确定】按钮。继续将光标置于第 7 行单元格中,按 Ctrl+Alt+T 组合键,在弹出的 Table 对话框中将【行数】、【列】分别设置为 3、2,将【表格宽度】设置为 970 像素,将【单元格间距】设置为 13,如图 5-141 所示。

图5-141 设置表格参数

06 设置完成后,单击【确定】按钮。将光标置于第 1 行的第 1 列单元格中,输入【想去哪里?】文本,并为该文本应用 .wz22 的 CSS 样式,在【属性】面板中将【宽】设置为 268,如图 5-142 所示。

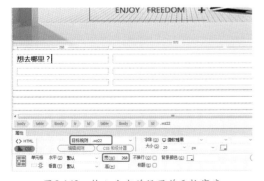

图5-142 输入文本并设置单元格宽度

07 将光标置于第 1 列的第 2 行单元格中,新建一个 .bk5 的 CSS 样式,在弹出的对话框中选择【边框】选项,将 Top 右侧的 Style、Width、Color 分别设置为 solid、thin、#b4dff5,如图 5-143 所示。

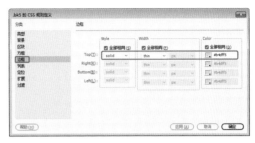

图5-143 设置边框参数

08 设置完成后,单击【确定】按钮。选中该单元格,为其应用新建的 CSS 样式,效果如图 5-144 所示。

图5-144 应用CSS样式

09 将光标置于该单元格中,按 Ctrl+Alt+T 组合键,在弹出的 Table 对话框中将【行数】、【列】分别设置为 4、3,将【表格宽度】设置为 100%,将【单元格间距】设置为 0,如图 5-145 所示。

图5-145 设置表格参数

10 设置完成后，单击【确定】按钮。选中第 1 列的单元格，在【属性】面板中将【水平】设置为【居中对齐】，将【宽】、【高】分别设置为 72、50，如图 5-146 所示。

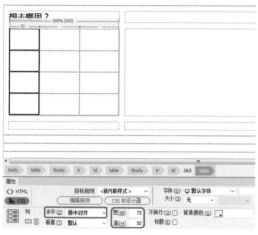

图 5-146　设置单元格属性

11 继续将光标置于该单元格中，新建 .bk6 的 CSS 样式，在弹出的对话框中选择【边框】选项，取消勾选 Style、Width、Color 下的【全部相同】复选框，将 Bottom 右侧的 Style、Width、Color 分别设置为 solid、thin、#EBEBEB，如图 5-147 所示。

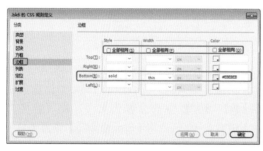

图 5-147　设置边框参数

12 设置完成后，单击【确定】按钮。为第 1 行的第 1 列至第 3 行的第 3 列单元格应用新建的 CSS 样式，效果如图 5-148 所示。

13 将光标置于第 1 行的第 1 列单元格中，按 Ctrl+Alt+I 组合键，在弹出的对话框中选择"旅游网站\图标 01.png"素材文件，单击【确定】按钮。在【属性】面板中将该素材文件的【宽】、【高】均设置为 35px，如图 5-149 所示。

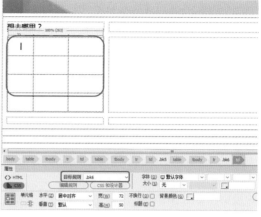

图 5-148　应用 CSS 样式

图 5-149　设置素材文件的宽、高

14 使用同样的方法将其他素材文件插入该图像下方的单元格中，并设置其大小，效果如图 5-150 所示。

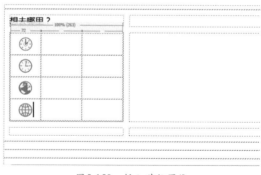

图 5-150　插入其他图像

15 将光标置于第 1 行的第 2 列单元格中，输入【当季推荐】文本。选中该文本，新建一个 .wz23 的 CSS 样式，在弹出的对话框中将 Font-family 设置为【微软雅黑】，将 Font-size 设置为 14px，将 Color 设置为 #333，如

图 5-151 所示。

图5-151　设置文本参数

16 设置完成后，单击【确定】按钮。为该文本应用新建的 CSS 样式，在【属性】面板中将【宽】设置为 158，效果如图 5-152 所示。

图5-152　应用CSS样式并设置单元格宽度

17 将光标置于第 1 行的第 3 列单元格中，输入 >。选中输入的符号，新建 .wz24 的 CSS 样式，在弹出的对话框中将 Font-family 设置为【方正琥珀简体】，将 Font-size 设置为 18px，将 Color 设置为 #CCC，如图 5-153 所示。

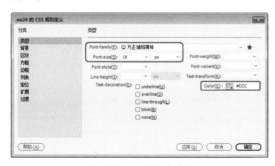

图5-153　设置文本参数

18 设置完成后，单击【确定】按钮，为输入的符号应用该 CSS 样式，将【宽】设置为 34，如图 5-154 所示。

图5-154　应用CSS样式并设置单元格宽度

19 使用同样的方法在其他单元格中输入文字，并应用相应的样式，效果如图 5-155 所示。

图5-155　输入其他文本后的效果

20 将光标置于第 1 行的第 2 列单元格中，输入【热点推荐】文本，为该文本应用 .wz22 的 CSS 样式，将【宽】设置为 663，效果如图 5-156 所示。

图5-156　输入文本并设置单元格宽度

21 选中第2列的第2行与第3行单元格，按Ctrl+Alt+M组合键，对其进行合并，将光标置于合并后的单元格中，按Ctrl+Alt+T组合键，在弹出的Table对话框中将【行数】、【列】分别设置为4、3，将【表格宽度】设置为663像素，如图5-157所示。

图5-157 设置表格参数

22 设置完成后，单击【确定】按钮。选中第1列的3行单元格，按Ctrl+Alt+M组合键，进行合并，将光标置于合并后的单元格中，在【属性】面板中将【宽】、【高】分别设置为221、300，如图5-158所示。

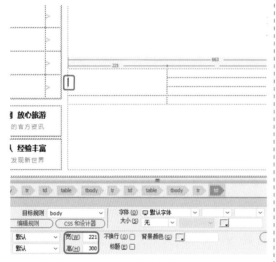

图5-158 合并单元格并设置单元格的宽和高

23 继续将光标置于该单元格中，按Ctrl+Alt+I组合键，在弹出的对话框中选择"旅游网站\图2.jpg"素材文件，单击【确定】按钮。在【属性】面板中将【宽】、【高】分别设置为221px、300px，如图5-159所示。

图5-159 插入图像并设置图像大小

24 将光标置于第1列的第2行单元格中，输入【品味独具特色的非洲生活】文本。选中输入的文本，新建一个.wz26的CSS样式，在弹出的对话框中将Font-family设置为【微软雅黑】，将Font-size设置为14px，将Color设置为#0066cc，如图5-160所示。

图5-160 设置文本参数

25 在该对话框中选择【区块】选项，将Letter-spacing设置为3px，如图5-161所示。

图5-161 设置Letter-spacing参数

26 设置完成后，单击【确定】按钮。为该文本应用新建的CSS样式，在【属性】面板中将【高】设置为56，如图5-162所示。

图5-162　应用样式并设置单元格高度

27 使用同样的方法在该表格中继续输入文本并插入图像，效果如图5-163所示。

图5-163　输入文本并插入图像后的效果

28 根据前面所介绍的知识继续制作网页中的其他内容，进行相应的设置，并根据前面所介绍的知识对3个网页进行链接，效果如图 5-164 所示。

图5-164　制作网页中的其他内容

29 选中的素材文件，单击鼠标右键，在弹出的快捷菜单中选择【CSS 样式】|【新建】命令，如图 5-165 所示。弹出【新建 CSS 规则】对话框，在【选择器名称】文本框中输入要新建 CSS 样式的名称，单击【确定】按钮，如图 5-166 所示。

图5-165　选择【新建】命令

图5-166　设置名称

30 在弹出的对话框中选择【分类】列表框中的【扩展】选项，如图 5-167 所示。

图5-167　选择【扩展】选项

31 在 Filter 下拉列表中选择 FlipH 选项，如图 5-168 所示。

图5-168　选择FlipH滤镜

32 单击【确定】按钮。在【属性】面板中应用此样式，如图 5-169 所示。设置完成后，按 F12 键，可以在网页中进行预览，如图 5-170 所示。

图 5-169　应用滤镜样式

图 5-170　预览应用滤镜效果

5.4.1　Alpha 滤镜

应用 Alpha 滤镜的具体操作步骤如下。

01 启动 Dreamweaver CC 软件，打开"熊猫 .html"素材文件，如图 5-171 所示。

图 5-171　打开素材文件

02 选择需要修改的内容，单击鼠标右键，在弹出的快捷菜单中选择【CSS 样式】|【新建】命令，如图 5-172 所示。

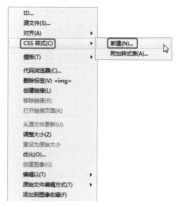

图 5-172　选择【新建】命令

03 弹出【新建 CSS 规则】对话框将【选择器类型】设为【类（可应用于任何 HTML 元素）】，将【选择器名称】命名为 .alpha，如图 5-173 所示。

图 5-173　【新建 CSS 规则】对话框

04 单击【确定】按钮，弹出 CSS 规则定义对话框，选择【分类】列表框中的【扩展】选项，如图 5-174 所示。

图 5-174　选择【扩展】选项

05 在 Filter 下拉列表中选择【Alpha (Opacity=?, FinishOpacity=?, Style=?, StartX=?, StartY=?, FinishX=?, FinishY=?)】选项。在本例中将 Opacity 的值设置为 200，将 Style 设置为 2，删除其他参数，如图 5-175 所示。

图5-175　设置Alpha滤镜

06 单击【确定】按钮，在文档窗口中选择需要应用滤镜的图像，然后在【属性】面板中应用此滤镜，如图 5-176 所示。

图5-176　应用滤镜

07 将文档保存，按 F12 键可以在网页中进行预览，如图 5-177 所示。

图5-177　应用滤镜预览效果

5.4.2 Blur滤镜

应用 Blur 滤镜的具体操作步骤如下。

01 启动 Dreamweaver CC 软件，打开"跑车 .html"素材文件，如图 5-178 所示。

图5-178　打开素材文件

02 选择需要修改的内容，单击鼠标右键在弹出的快捷菜单中选择【CSS 样式】|【新建】命令，如图 5-179 所示。

图5-179　选择【新建】命令

03 选择该命令后，在弹出的【新建 CSS 规则】对话框中将【选择器类型】设置为【类（可应用于任何 HTML 元素）】，将【选择器名称】命名为 .blur，如图 5-180 所示。

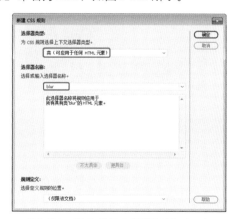

图5-180　设置【新建CSS规则】对话框

04 单击【确定】按钮，弹出 CSS 规则定义对话框，选择【分类】列表框中的【扩展】选项，如图 5-181 所示。

图 5-181　选择【扩展】选项

05 在 Filter 下拉列表中选择【Blur(Add=?, Direction=?, Strength=?)】选项。本例将 Add 设置为 true，将 Direction 设置为 260，将 Strength 设置为 30，如图 5-182 所示。

图 5-182　设置 Blur 滤镜

06 单击【确定】按钮。在文档窗口中选择需要应用滤镜的图像，然后在【属性】面板中应用此滤镜，如图 5-183 所示。

图 5-183　应用滤镜

07 设置完成后，将文档保存，按 F12 键可以在网页中进行预览，如图 5-184 所示。

图 5-184　预览滤镜效果

5.4.3　FlipH 滤镜

应用 FlipH 滤镜的具体操作步骤如下。

01 启动 Dreamweaver CC 软件，打开"蝴蝶.html"素材文件，如图 5-185 所示。

图 5-185　打开素材文件

02 选择需要修改的内容，单击鼠标右键，在弹出的快捷菜单中，选择【CSS 样式】|【新建】命令，如图 5-186 所示。

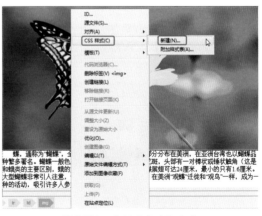

图 5-186　选择【新建】命令

03 选择该命令后，在弹出的【新建 CSS

规则】对话框中，将【选择器类型】设置为【类（可应用于任何 HTML 元素）】，将【选择器名称】命名为 .Flip，如图 5-187 所示。

图 5-187　设置【新建CSS规则】对话框

04 单击【确定】按钮，弹出 CSS 规则定义对话框，选择【分类】列表框中的【扩展】选项，如图 5-188 所示。

图 5-188　选择【扩展】选项

05 在 Filter 下拉列表中选择 FlipH 选项，如图 5-189 所示。

图 5-189　选择 FlipH 滤镜

06 单击【确定】按钮。在文档窗口中选择需要应用滤镜的图像，然后在【属性】面板中应用此滤镜，如图 5-190 所示。

图 5-190　应用滤镜

07 设置完成后，将文档保存，按 F12 键可以在网页中进行预览，效果如图 5-191 所示。

图 5-191　预览滤镜效果

5.4.4　Glow 滤镜

应用 Glow 滤镜的具体操作步骤如下。

01 启动 Dreamweaver CC 打开"人生 .html"素材文件，如图 5-192 所示。

图 5-192　打开素材文件

02 选择需要修改的内容，单击鼠标右键，在弹出的快捷菜单中选择【CSS 样式】|【新

建】命令,如图 5-193 所示。

图5-193 选择【新建】命令

03 选择该命令后,在弹出的【新建 CSS 规则】对话框中将【选择器类型】设置为【类(可应用于任何 HTML 元素)】,将【选择器名称】命名为 .glow,如图 5-194 所示。

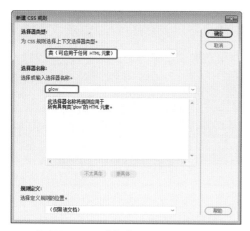

图5-194 设置【新建CSS规则】对话框

04 单击【确定】按钮,弹出 CSS 规则定义对话框,选择【分类】列表框中的【扩展】选项,如图 5-195 所示。

图5-195 选择【扩展】选项

05 在 Filter 下拉列表中选择【Glow(Color=?, Strength=?)】选项。本例将 Color 设置为 #FE00,将 Strength 设置为 5,如图 5-196 所示。

06 单击【确定】按钮。在文档窗口中选择需要应用滤镜的文字及图像,然后在【属性】面板中应用此滤镜,如图 5-197 所示。

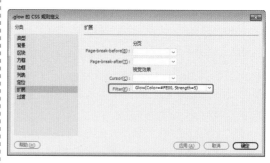

图5-196 选择并设置滤镜

图5-197 应用滤镜

07 设置完成后,将文档保存,按 F12 键可以在网页中进行预览,如图 5-198 所示

图5-198 预览滤镜效果

5.4.5 Gray滤镜

应用 Gray 滤镜的具体操作步骤如下。

01 启动 Dreamweaver CC 软件,打开"花 .html"素材文件,如图 5-199 所示。

第 5 章 旅游交通类网页设计——使用CSS样式修饰页面

图5-199　打开素材文件

02 选择需要修改的内容，单击鼠标右键，在弹出的快捷菜单中，选择【CSS样式】|【新建】命令，如图5-200所示。

图5-200　选择【新建】命令

03 选择该命令后，在弹出的【新建CSS规则】对话框中将【选择器类型】设置为【类（可应用于任何HTML元素）】，将【选择器名称】命名为.gray，如图5-201所示。

图5-201　设置【新建CSS规则】对话框

04 单击【确定】按钮，弹出CSS规则定义对话框，在【分类】列表框中选择【扩展】

选项，如图5-202所示。

图5-202　选择【扩展】选项

05 在Filter下拉列表中选择Gray选项，如图5-203所示。

图5-203　设置Gray滤镜

06 单击【确定】按钮。在文档窗口中选择需要应用滤镜的图像，然后在【属性】面板中应用此滤镜，如图5-204所示。

图5-204　应用滤镜

07 设置完成后，将文档保存，按F12键可以在网页中进行预览，效果如图5-205所示。

图5-205　预览滤镜效果

5.4.6　Invert滤镜

应用Invert滤镜的具体操作步骤如下。

01 启动Dreamweaver CC软件，打开"照相机.html"素材文件，如图5-206所示。

图5-206　打开素材文件

02 选择需要修改的内容，单击鼠标右键，在弹出的快捷菜单中，选择【CSS样式】|【新建】命令，如图5-207所示。

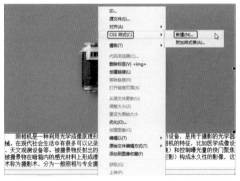

图5-207　选择【新建】命令

03 选择该命令后，在弹出的【新建CSS规则】对话框中，将【选择器类型】设置为【类（可应用于任何HTML元素）】，将【选择器名称】命名为.invert，如图5-208所示。

图5-208　设置【新建CSS规则】对话框

04 单击【确定】按钮，弹出CSS规则定义对话框，在【分类】列表框中选择【扩展】选项，如图5-209所示。

图5-209　选择【扩展】选项

05 在Filter下拉列表中选择Invert选项，如图5-210所示。

图5-210　设置Invert滤镜

06 单击【确定】按钮,在文档窗口中选择需要应用滤镜的图像,然后在【属性】面板中应用此滤镜,如图 5-211 所示。

图 5-211　应用滤镜

07 设置完成后,将文档保存,按 F12 键可以在网页中进行预览,效果如图 5-212 所示。

图 5-212　预览滤镜效果

5.4.7　Shadow 滤镜

应用 Shadow 滤镜的具体操作步骤如下。

01 启动 Dreamweaver CC 软件,打开"水调歌头.html"素材文件,如图 5-213 所示。

图 5-213　打开素材文件

02 选择需要修改的内容,单击鼠标右键,在弹出的快捷菜单中,选择【CSS 样式】|【新建】命令,如图 5-214 所示。

图 5-214　选择【新建】命令

03 选择该命令后,在弹出的【新建 CSS 规则】对话框中将【选择器类型】设置为【类(可应用于任何 HTML 元素)】,将【选择器名称】命名为 .mask,如图 5-215 所示。

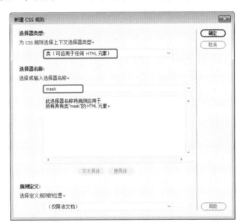

图 5-215　【新建 CSS 规则】对话框

04 单击【确定】按钮,弹出 CSS 规则定义对话框,在【分类】列表框中选择【扩展】选项,如图 5-216 所示。

图 5-216　选择【扩展】选项

173

05 在 Filter 下拉列表中选择【Shadow (Color=?, Direction=?)】选项。本例将 Color 设置为 #000，将 Direction 设置为 140，如图 5-217 所示。

图 5-217　设置 shadow 滤镜

06 单击【确定】按钮。在文档窗口中选择需要应用滤镜的文字，然后在【属性】面板中应用此滤镜，如图 5-218 所示。

图 5-218　应用滤镜

07 设置完成后，将文档保存，按 F12 键可以在网页中进行预览，效果如图 5-219 所示。

图 5-219　预览滤镜效果

5.4.8　Wave 滤镜

应用 Wave 滤镜的具体操作步骤如下。

01 启动 Dreamweaver CC 软件，打开"海洋生物.html"素材文件，如图 5-220 所示。

图 5-220　打开素材文件

02 选择需要修改的内容，单击鼠标右键，在弹出的快捷菜单中，选择【CSS 样式】|【新建】命令，如图 5-221 所示。

图 5-221　选择【新建】命令

03 选择该命令后，在弹出的【新建 CSS 规则】对话框中将【选择器类型】设置为【类（可应用于任何 HTML 元素）】，将【选择器名称】命名为 wave，如图 5-222 所示。

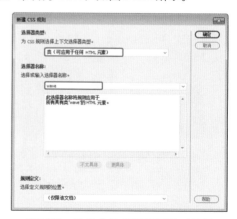

图 5-222　设置【新建 CSS 规则】对话框

04 单击【确定】按钮，弹出 CSS 规则定义对话框中，选择【分类】列表框中的【扩展】选项，如图 5-223 所示。

图 5-223　选择【扩展】选项

05 在 Filter 下拉列表中选择【Wave(Add=?, Freq=?, LightStrength=?, Phase=?, Strength=?)】选项。本例设置 Add 为 0，设置 Freq 为 6，设置 LightStrength 为 16，设置 Phase 为 0，设置 Strength 为 15，如图 5-224 所示。

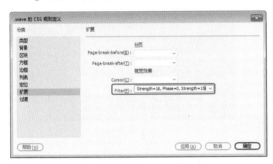

图 5-224　设置Wave滤镜

06 单击【确定】按钮。在文档窗口中选择需要应用滤镜的文字及图片，然后在【属性】面板中应用此滤镜，如图 5-225 所示。

图 5-225　应用滤镜

07 设置完成后将文档保存，按 F12 键可以在网页中进行预览，如图 5-226 所示。

图 5-226　预览滤镜效果

5.4.9　Xray滤镜

应用 Xray 滤镜的具体操作步骤如下。

01 启动 Dreamweaver CC 软件，打开"茶叶.html"素材文件，如图 5-227 所示。

图 5-227　打开素材文件

02 选择需要修改的内容，单击鼠标右键，在弹出的快捷菜单中，选择【CSS 样式】|【新建】命令，如图 5-228 所示。

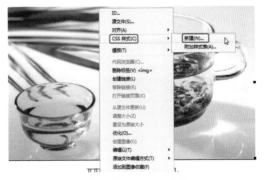

图 5-228　新建CSS样式

03 选择该命令后，在弹出的【新建CSS规则】对话框中将【选择器类型】设置为【类（可应用于任何HTML元素）】，将【选择器名称】命名为.xray，如图5-229所示。

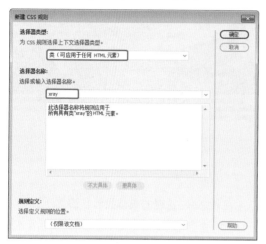

图5-229 设置【新建CSS规则】对话框

04 单击【确定】按钮，弹出CSS规则定义对话框，选择【分类】列表框中的【扩展】选项，如图5-230所示。

图5-230 选择【扩展】选项

05 在Filter下拉列表中选择Xray选项，如图5-231所示。

图5-231 选择Xray滤镜

06 单击【确定】按钮。在文档窗口中选择需要应用滤镜的图片，然后在【属性】面板中应用此滤镜，如图5-232所示。

图5-232 应用滤镜

07 设置完成后将文档保存，按F12键可以在浏览器中进行预览，如图5-233所示。

图5-233 预览滤镜效果

5.5 上机练习——制作路畅网网页

使用路畅网，可随时随地预订酒店、机票、火车票、汽车票、景点门票、用车，跟团游、周末游、自由行、自驾游、邮轮、游轮度假产品任意选。本例将介绍路畅网网页的制作方法，效果如图5-234所示。

素材	素材\Cha05\"路畅网"文件夹
场景	场景\Cha05\上机练习——制作路畅网网页.html
视频	视频教学\Cha05\5.5 上机练习——制作路畅网网页.mp4

第 5 章 旅游交通类网页设计——使用CSS样式修饰页面

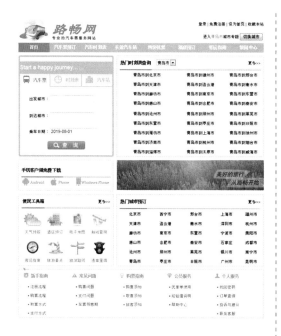

图5-234 路畅网网页

图5-235 Table对话框

01 启动 Dreamweaver CC 软件后，新建一个 HTML 文档。按 Ctrl+Alt+T 组合键，弹出 Table 对话框，将【行数】、【列】均设置为1，将【表格宽度】设置为 800 像素，将【边框粗细】、【单元格边距】和【单元格间距】均设置为0，单击【确定】按钮，如图 5-235 所示。

02 选中插入的表格，在【属性】面板中，将 Align 设置为【居中对齐】，如图 5-236 所示。

图5-236 设置表格对齐

知识链接：HTML的作用

HTML 是一种规范，一种标准，它通过标记符号来标记要显示的网页中的各个部分。网页文件本身是一种文本文件，通过在文本文件中添加标记符，可以告诉浏览器如何显示其中的内容（如文字如何处理，画面如何安排，图片如何显示等）。浏览器按顺序阅读网页文件，然后根据标记符解释和显示其标记的内容，对书写出错的标记将不指出其错误，且不停止其解释执行过程，编制者只能通过显示效果来分析出错原因和出错部位。但需要注意的是，对于不同的浏览器，对同一标记符可能会有不完全相同的解释，因而可能会有不同的显示效果。

HTML 之所以称为超文本标记语言，是因为文本中包含了所谓的"超级链接"点。所谓超级链接，就是一种 URL 指针，通过激活（点击）它，可使浏览器方便地获取新的网页。这也是 HTML 获得广泛应用的最重要的原因之一。

03 将光标插入到单元格，在【属性】面板中将【高】设置为90，如图 5-237 所示。

04 单击【拆分】按钮，在 <td> 标签中输入代码，将"路畅网\路畅网.jpg"素材文件设置为单元格的背景图片，如图 5-238 所示。

177

图5-237 设置单元格的高

图5-238 设置背景图片

> **提 示**
> 除了输入代码外，用户还可以将光标置于 td 的后面，按 Enter 键，在弹出的列表中选择 background，并双击该选项，弹出【浏览】按钮。单击该按钮，此时会弹出【选择文件】对话框，选择相应的背景素材即可。

05 单击【设计】按钮。将单元格的【水平】设置为【右对齐】，将【垂直】设置为【底部】。然后插入一个 2 行 2 列、【表格宽度】为 300 像素的表格，如图 5-239 所示。

图5-239 插入表格

06 选中新插入表格的第一行的两个单元格，单击 按钮，将其合并。然后将第 1 行单元格的【水平】设置为【右对齐】，将【高】设置为 40，如图 5-240 所示。

> **提示**
> 用户除了使用上述方法合并单元格外，选择需要合并的单元格，单击鼠标右键，在弹出的快捷菜单中选择【表格】|【合并单元格】命令也能合并单元格。或者按Ctrl+Alt+M组合键来合并单元格。

07 单击鼠标右键，在弹出的快捷菜单中选择【CSS样式】|【新建】命令，如图5-241所示。

图5-241 选择【新建】命令

08 在弹出的【新建CSS规则】对话框中，将【选择器类型】设置为【类（可应用于任何HTML元素）】，将【选择器名称】设置为A1，单击【确定】按钮，如图5-242所示。

图5-242 设置【新建CSS规则】对话框

09 弹出CSS规则定义对话框，在【分类】列表框中选择【类型】选项，将Font-size设置为13px，单击【确定】按钮，如图5-243所示。

10 在单元格中输入文本，然后在【属性】面板中将【目标规则】设置为.A1，如图5-244所示。

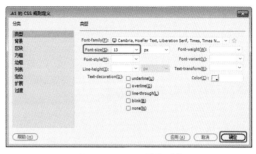

图5-243 设置【类型】

图5-244 输入文字并设置【目标规则】

11 将光标插入到第2行、第1列单元格中，将【水平】设置为【右对齐】，将【宽】设置为220，将【高】设置为40。然后输入文本，并将文本的【目标规则】设置为.A1，如图5-245所示。

图5-245 设置单元格并输入文本

12 使用相同的方法新建.A2的CSS规则，将【类型】面板中的Font-size设置为13px，将Color设置#428EC8，然后单击【确定】按钮，如图5-246所示。

13 选中【青岛市】文本，然后将【目标规则】更改为.A2，如图5-247所示。

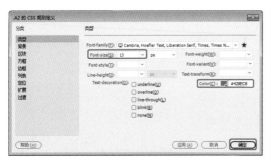

图5-246 设置.A2的CSS规则

图5-248 设置【水平】

图5-247 更改目标规则

图5-249 设置Value

14 将光标插入到第2行、第2列单元格中，将【水平】设置为【居中对齐】，如图5-248所示。

15 在菜单栏中选择【插入】|【表单】|【按钮】命令。选中插入的【按钮】控件，在【属性】面板中，将Value值更改为【切换城市】，如图5-249所示。

16 在空白位置单击鼠标，然后按Ctrl+Alt+T组合键，弹出Table对话框，将【行数】设置为1，将【列】设置为8，将【表格宽度】设置为800像素，然后单击【确定】按钮。选中插入的表格，将Align设置为【居中对齐】，如图5-250所示。

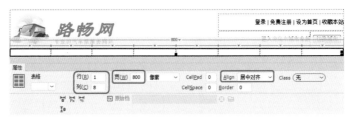

图5-250 插入表格

17 选中新插入的单元格，将【水平】设置为【居中对齐】，将【宽】设置为100，将【高】设置为30。将第一个单元格的【背景颜色】设置为#F96026，其他单元格的【背景颜色】设置为#77d4f6，如图5-251所示。

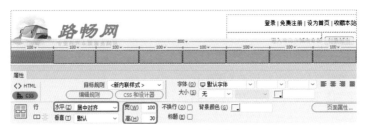

图5-251 设置单元格

18 使用相同的方法新建 .A3 的 CSS 规则，将【类型】面板中的 Font-size 设置为 14px，将 Font-weight 设置为 bold，将 Color 设置 #FFF，然后单击【确定】按钮，如图 5-252 所示。

19 在单元格中输入文本，然后将其【目标规则】设置为 .A3，如图 5-253 所示。

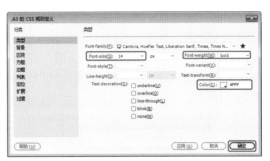

图 5-252　设置 .A3 的 CSS 规则

图 5-253　输入文本并设置目标规则

> 提　示
> 在选中所有单元格的前提下新建 CSS 样式，可以对单元格直接应用该样式。

20 在空白位置单击鼠标，然后按 Ctrl+Alt+T 组合键，弹出 Table 对话框，将【行数】设置为 1，将【列】设置为 2，将【表格宽度】设置为 820 像素，将【单元格间距】设置为 10 像素，然后单击【确定】按钮。选中插入的表格，将 Align 设置为【居中对齐】，如图 5-254 所示。

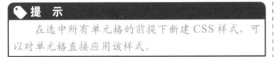

图 5-254　插入表格

21 使用相同的方法新建 .ge1 的 CSS 规则，在【分类】列表框中选择【边框】选项，将 Top 中的 Style 设置为 solid，将 Width 设置为 5px，将 Color 设置为 #77D4F6，然后单击【确定】按钮，如图 5-255 所示。

22 将光标插入到第 1 列单元格中，将【目标规则】设置为 .ge1，将【宽】设置为 300，如图 5-256 所示。

23 单击【CSS 和设计器】按钮，在弹出的【CSS 设计器】面板中，将【选择器】设置为 .ge1，然后将其边框半径都设置为 5px，如图 5-257 所示。

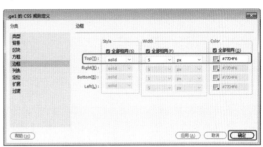

图 5-255　设置 .ge1 的 CSS 规则

图 5-256　设置单元格

图 5-257　设置边框半径

24 在单元格中插入一个 2 行 4 列的表格，其【表格宽度】为 300 像素，如图 5-258 所示。

25 将第 1 行单元格合并，然后将【高】

设置为40，将【背景颜色】设置为#77D4F6。然后输入文本，将【字体】设置为【Gotham, Helvetica Neue, Helvetica, Arial, sans-serif】，将【大小】设置为18px，将字体颜色设置为#FFF，如图5-259所示。

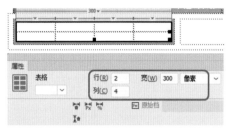

图5-258 插入表格

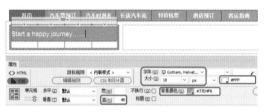

图5-259 设置单元格并输入文本

26 将光标插入到第2行、第1列单元格中，将【水平】设置为【居中对齐】，将【宽】设置为45，将【高】设置为40，如图5-260所示。

图5-260 设置单元格

27 按Ctrl+Alt+I组合键，弹出【选择图像源文件】对话框，选择"路畅网\汽车票.png"素材文件，单击【确定】按钮，将【宽】设置为20px，将【高】设置为24px，如图5-261所示。

图5-261 插入素材文件

> **提示**
>
> 除了上述方法添加图像外，用户还可以在菜单栏执行【插入】|【图像】|【图像】命令，也会弹出【选择图像源文件】对话框。

28 将第2行的其他单元格的【宽】分别设置为55、100、100，如图5-262所示。

图5-262 设置单元格的宽

29 在第2行、第2列单元格中输入文本，将Font-weight设置为bold，将【大小】设置为14px，将字体颜色设置为#428EC8，如图5-263所示。

图5-263 输入文本

30 使用相同的方法新建.ge2的CSS规则，在【分类】列表框中选择【背景】选项，将Background-color设置为#E6F4FD，如图5-264所示。

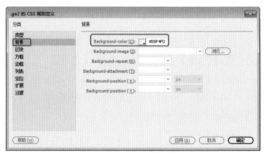

图5-264 设置【背景】

31 在【分类】列表框中选择【边框】选项，取消勾选Style、Width和Color中的【全部相同】复选框，将Bottom和Left中的Style设置为solid、Width设置为2px、Color设置为

#77D4F6，然后单击【确定】按钮，如图5-265所示。

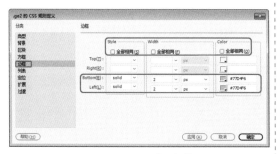

图5-265 设置【边框】

> **知识链接：【边框】的样式应用**

Style：设置边框的样式外观。样式的显示方式取决于浏览器。取消选择【全部相同】，可设置元素各个边的边框样式。

Width：设置元素边框的粗细。取消选择【全部相同】，可设置元素各个边的边框宽度。

Color：设置边框的颜色。可以分别设置每条边的颜色，但显示方式取决于浏览器。取消选择【全部相同】，可设置元素各个边的边框颜色。

32 将第2行最后两列单元格的【目标规则】设置为 .ge2，如图5-266所示。

图5-266 设置【目标规则】

33 在单元格中插入一个1行2列的表格，将【宽】设置为100像素，如图5-267所示。

图5-267 插入表格

34 将光标插入到新表格的第1列单元格中，将【水平】设置为【居中对齐】，如图5-268所示。

图5-268 设置单元格

35 在单元格中插入"路畅网\时刻表.png"素材文件，将【宽】设置为24px，将【高】设置为24px，如图5-269所示。

图5-269 插入素材图片

36 将第2列单元格的【宽】设置为50，然后输入文本，将Font-weight设置为bold，将【大小】设置为14px，将字体颜色设置为#77D4F6，如图5-270所示。

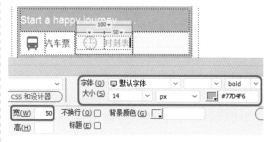

图5-270 输入文本

37 使用相同的方法在另一列单元格中插入表格并编辑单元格的内容，如图5-271所示。

图5-271 插入表格

38 继续插入一个4行1列的表格，将

【宽】设置为 240 像素，将 Align 设置为【居中对齐】，如图 5-272 所示。

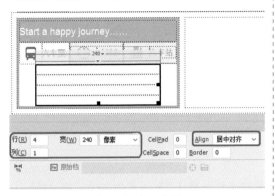

图 5-272　插入表格

39 选中前 3 行单元格，将【垂直】设置为【底部】，将【高】设置为 50，如图 5-273 所示。

图 5-273　设置单元格

40 在第 1 行单元格中输入文本，然后选中文本，将其【目标规则】设置为 .A1，如图 5-274 所示。

图 5-274　设置目标规则

41 将光标插入到文本的右侧，然后在菜单栏中选择【插入】|【表单】|【文本】命令，如图 5-275 所示。

图 5-275　选择【文本】命令

> **知识链接：【文本域】的属性**
>
> 根据类型属性的不同，文本域可分为 3 种：单行文本域、多行文本域和密码域。文本域是最常见的表单对象之一，用户可以在文本域中输入字母、数字和文本等类型的内容。

42 将文本框的 Size 设置为 18，并将英文删除，如图 5-276 所示。

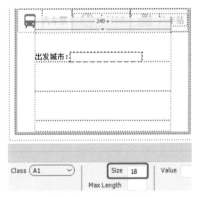

图 5-276　设置文本框

43 使用相同的方法在第 2 行单元格中插入【文本】控件，并输入文本，如图 5-277 所示。

> **提　示**
>
> 也可以在插入【文本】控件后，将英文部分删除，然后输入文本。

图5-277 插入【文本】控件

44 将光标插入到第3行单元格中,然后在菜单栏中选择【插入】|【表单】|【日期】命令,如图5-278所示。

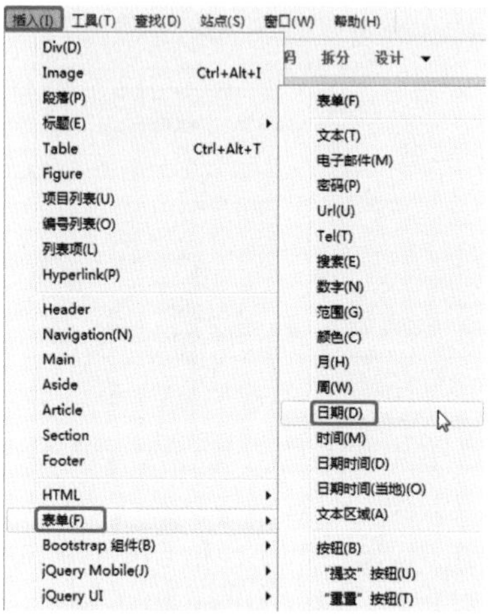

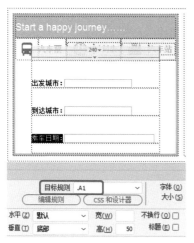

图5-278 选择【日期】命令

45 插入【日期】控件后,将英文删除,然后输入文本,将其【目标规则】设置为.A1,如图5-279所示。

图5-279 插入【日期】控件

46 选中日期文本框,将Value设置为2019-08-01,如图5-280所示。

图5-280 设置日期文本框

47 将光标插入到最后一行单元格中,将【水平】设置为【居中对齐】,将【垂直】设置为【底部】,将【高】设置为50。然后插入"路畅网\查询.jpg"素材文件,如图5-281所示。

图5-281 设置单元格并插入素材图片

48 将光标插入到另一列单元格中,将【水平】设置为【居中对齐】,将【宽】设置为480,如图5-282所示。

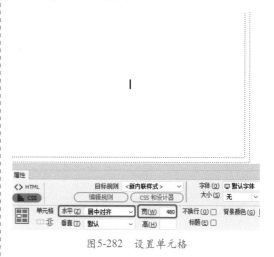

图5-282 设置单元格

49 使用相同的方法新建.ge3的CSS规则,在【分类】列表框中选择【边框】选项,将 Top 中的 Style 设置为 solid、Width 设置为 thin、Color 设置为 #77D4F6，然后单击【确定】按钮，如图 5-283 所示。

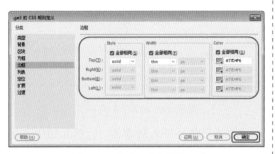

图5-283　设置.ge3的CSS规则

50 将单元格的【目标规则】设置为 .ge3，如图 5-284 所示。

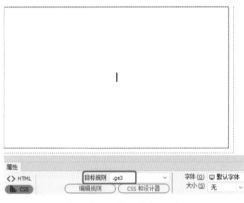

图5-284　设置目标规则

51 在单元格中插入一个 2 行 1 列的表格，其【宽】设置为 460px，如图 5-285 所示。

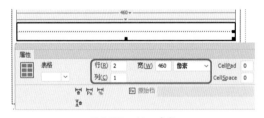

图5-285　插入表格

52 将光标插入到第 1 行单元格中，然后单击 按钮，将其拆分为 3 列，将【宽】分别设置为 105、95、260，将【高】设置为 42，如图 5-286 所示。

53 将光标插入到第 1 行、第 1 列单元格中，然后使用相同的方法创建 .ge4 的 CSS 规则，在【分类】列表框中选择【边框】选项，取消勾选 Style、Width 和 Color 中的【全部相同】复选框，将 Bottom 中的 Style 设置为 solid、Width 设置为 medium、Color 设置为 #428EC8，然后单击【确定】按钮，如图 5-287 所示。

图5-286　拆分单元格

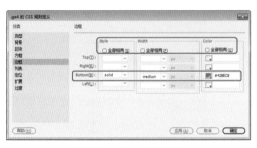

图5-287　设置【边框】

54 使用相同的方法创建 .ge5 的 CSS 规则，在【分类】列表框中选择【边框】选项，取消勾选 Style、Width 和 Color 中的【全部相同】复选框，将 Bottom 中的 Style 设置为 solid、Width 设置为 medium、Color 设置为 #CCCCCC，然后单击【确定】按钮，如图 5-288 所示。

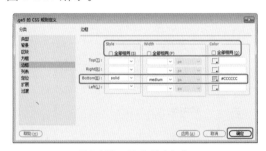

图5-288　设置【边框】

55 将第 1 行第 1 列单元格的【目标规则】设置为 .ge4，如图 5-289 所示。

56 使用相同的方法新建 .A4 的 CSS 规则，将【类型】中的 Font-size 设置为 14px、Font-weight 设置为 bold，然后单击【确定】按钮，如图 5-290 所示。

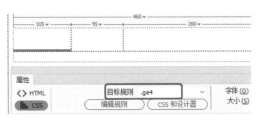

图5-289　设置目标规则

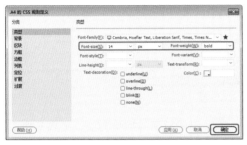

图5-290　设置【.A4】的CSS规则

57 在第1行第1列单元格中输入文本，然后选中输入的文本，将其【目标规则】设置为 .A4，如图5-291所示。

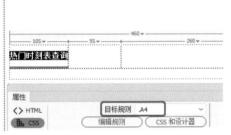

图5-291　设置文本的【目标规则】

58 将光标插入到第1行第2列单元格中，将【目标规则】设置为 .ge5，将【水平】设置为【居中对齐】，如图5-292所示。

图5-292　设置单元格

59 在菜单栏中选择【插入】|【表单】|【选择】命令，在单元格中插入【选择】控件，如图5-293所示。

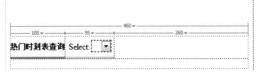

图5-293　插入【选择】控件

60 将英文删除，然后选中【文本框】控件，单击【列表值】按钮，在弹出的【列表值】对话框中，添加多个项目标签，然后单击【确定】按钮，如图5-294所示。

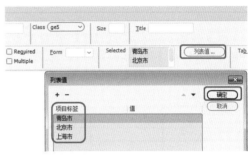

图5-294　设置【列表值】

61 将光标插入到第1行第3列单元格中，将【目标规则】设置为 .ge5，将【水平】设置为【右对齐】，如图5-295所示。

图5-295　设置单元格

62 在单元格中输入文本，然后选中输入的文本，将【目标规则】设置为 .A1，如图5-296所示。

图5-296　输入文本

63 在下一行单元格中插入一个9行3列的表格，其【宽】设置为460像素，如图5-297所示。

187

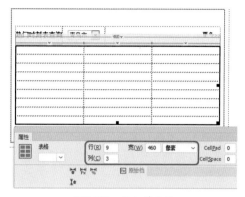

图 5-297 插入单元格

64 将每列单元格的【宽】分别设置为 180、170、110,【高】均设置为 30,如图 5-298 所示。

图 5-298 设置单元格

65 在单元格中输入文本,并将其【目标规则】设置为 .A1,如图 5-299 所示。

图 5-299 输入文本

66 参照前面的操作方法,插入一个 1 行 2 列的表格,将其【宽】设置为 800 像素,将 Align 设置为【居中对齐】,如图 5-300 所示。

图 5-300 插入表格

67 将光标插入到第 1 列单元格中,将其【目标规则】设置为 .ge3,如图 5-301 所示。

图 5-301 设置目标规则

68 在第 1 列单元格中插入一个 1 行 2 列的表格,将【宽】设置为 290 像素,将 Align 设置为【居中对齐】,如图 5-302 所示。

图 5-302 插入表格

69 将两列单元格的【宽】分别设置为 135、155，【高】均设置为 40，如图 5-303 所示。

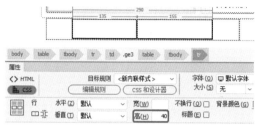

图 5-303 设置单元格

70 将第 1 列单元格的【目标规则】设置为 .ge4，第 2 列单元格的【目标规则】设置为 .ge5，效果如图 5-304 所示。

图 5-304 设置目标规则

71 在第 1 列单元格中输入文本，然后选中输入的文本，将其【目标规则】设置为 .A4，如图 5-305 所示。

图 5-305 输入文字

72 插入一个 1 行 6 列的表格，其【宽】设置为 290 像素，将 Align 设置为【居中对齐】，如图 5-306 所示。

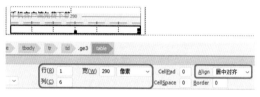

图 5-306 插入表格

73 参照前面的操作步骤，对单元格的【宽】进行设置，然后插入素材文件，输入文本并设置目标规则，如图 5-307 所示。

图 5-307 编辑单元格内容

74 将光标插入到另一列单元格中，将其【水平】设置为【右对齐】，然后插入"图片 .jpg"素材文件，如图 5-308 所示。

图 5-308 插入素材图片

> **提 示**
>
> 在上述步骤插入图片时，可以按 Ctrl+Alt+I 组合键，也可以在菜单栏中选择【插入】|【图像】|【图像】命令，插入相应的图片。

75 在空白位置单击鼠标，然后按 Ctrl+Alt+T 组合键，弹出 Table 对话框，将【行数】设置为 1，将【列】设置为 2，将【表格宽度】设置为 820 像素，将【单元格间距】设置为 10 像素，然后单击【确定】按钮。选中插入的表格，将 Align 设置为【居中对齐】，如图 5-309 所示。

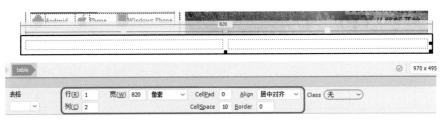

图5-309 设置表格

76 将两列单元格的【目标规则】均设置为 .ge3，如图 5-310 所示。

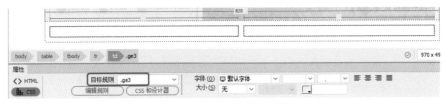

图5-310 设置【目标规则】

77 将两列单元格的【宽】分别设置为 306 和 476，将【水平】均设置为【居中对齐】，如图 5-311 所示。

图5-311 设置单元格

> **提 示**
> 两个单元格同时选中时，只显示相同的属性，所以上图并没有显示其不同的宽度。

78 在第 1 列单元格中插入一个 1 行 2 列的表格，【宽】设置为 288 像素，如图 5-312 所示。

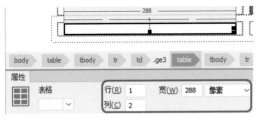

图5-312 插入表格

79 将光标插入到第 1 列单元格中，将【目标规则】设置为 .ge4，将【宽】设置为 75，将【高】设置为 40，如图 5-313 所示。

80 在单元格中输入文本，然后选中输入的文本，将【目标规则】设置为 .A4，如图 5-314 所示。

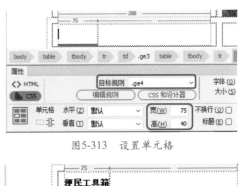

图5-313 设置单元格

图5-314 输入文字

81 将光标插入到第 2 列单元格中，将【目标规则】设置为 .ge5，将【水平】设置为【右对齐】，将【宽】设置为213，如图5-315所示。

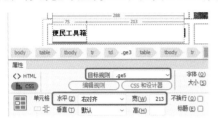

图5-315　设置单元格

82 在单元格中输入文本，然后选中输入的文本，将【目标规则】设置为.A1，如图5-316所示。

图5-316　输入文本

83 插入一个4行4列表格，其【宽】设置为288像素，如图5-317所示。

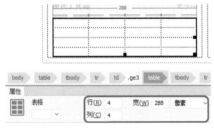

图5-317　插入表格

84 选中第1、3行的单元格，将【水平】设置为【居中对齐】，将【垂直】设置为【底部】，将【宽】设置为72，将【高】设置为60，如图5-318所示。

图5-318　设置单元格

85 将素材文件插入到单元格中，并设置素材文件的大小，如图5-319所示。

图5-319　插入素材文件

86 选中第2、4行的单元格，将【水平】设置为【居中对齐】，将【宽】设置为72，将【高】设置为30，如图5-320所示。

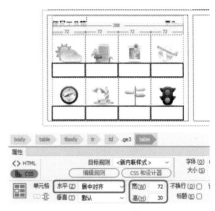

图5-320　设置单元格

87 在单元格中输入文本，然后选中输入的文本，将其【目标规则】设置为.A2，如图5-321所示。

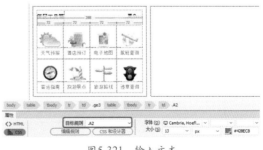

图5-321　输入文本

88 在另一列单元格中插入一个1行2列的表格，将其【宽】设置为460像素，如图5-322所示。

191

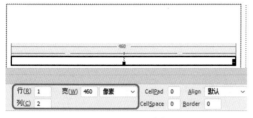

图5-322 插入表格

[89] 参照前面的操作步骤，设置单元格的属性，然后输入文本，如图5-323所示。

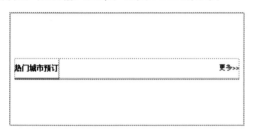

图5-323 设置单元格并输入文本

[90] 继续插入一个6行5列的表格，将【宽】设置为460像素，如图5-324所示。

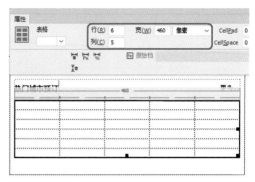

图5-324 插入表格

[91] 设置单元格并输入文本，并将文本的【目标规则】设置为 .A1，如图5-325所示。

热门城市预订				更多>>
北京市	西宁市	邢台市	上海市	福州市
天津市	连云港	衡水市	深圳市	杭州市
廊坊市	南京市	东营市	宁波市	襄阳市
唐山市	合肥市	泰安市	石家庄	成都市
沧州市	郑州市	莱芜市	潍坊市	济宁市
青岛市	枣庄市	日照市	广州市	昆明市

图5-325 输入文本

[92] 继续插入一个1行1列的表格，将【宽】设置为800像素，将Align设置为【居中对齐】，如图5-326所示。

图5-326 插入表格

[93] 将光标插入到单元格中，将【目标规则】设置为 .ge3，将【高】设置为152，如图5-327所示。

图5-327 设置单元格

[94] 在单元格中插入一个1行10列的表格，其【宽】设置为780像素，将Align设置为【居中对齐】，如图5-328所示。

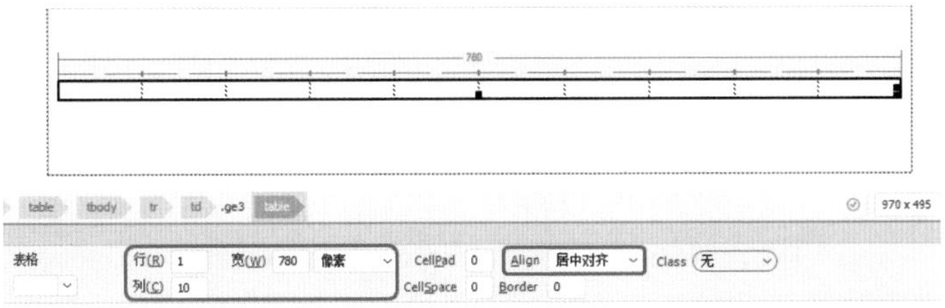

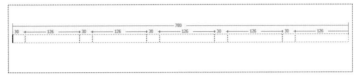

图5-328 插入表格

95 对单元格的宽进行设置,如图5-329所示。

图5-329 设置单元格的宽

96 参照前面的操作步骤插入素材图片并输入文本,如图5-330所示。

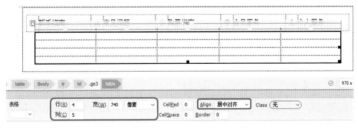

图5-330 插入素材图片并输入文本

97 插入一个4行5列的表格,将【宽】设置为740像素,将Align设置为【居中对齐】,如图5-331所示。

图5-331 插入表格

98 参照前面的操作步骤设置单元格并输入文本,如图5-332所示。

图5-332 设置单元格并输入文本

5.6 思考与练习

1. 如何链接外部样式表?
2. 如何复制CSS样式?

第 6 章 娱乐休闲类网页设计——使用行为制作特效网页

行为是用来动态响应用户操作,改变当前页面效果或是执行特定任务的一种方法,是由对象、事件和动作组合而成。行为是为响应某一具体事件而采取的一个或多个动作,当指定的事件被触发时,将运行相应的JavaScript程序,执行相应的动作。

基础知识
- 【行为】面板
- 交换图像

重点知识
- 弹出信息
- 打开浏览器窗口

提高知识
- 效果
- 设置文本

使用行为,网页制作人员不用编程就能实现一些程序动作,如交换图像、打开浏览器窗口等。本章将具体介绍怎样使用行为构建网站。

6.1 制作游戏网页——行为的概念

网络游戏的诞生让人类的生活更丰富,合理适度的游戏允许人类在模拟环境下挑战和克服障碍,可以帮助人类开发智力、锻炼思维和反应能力、训练技能、培养规则意识等,大型网络游戏还可以培养战略战术意识和团队合作精神。本例将介绍网络游戏网页的制作过程,效果如图6-1所示。

图6-1 游戏网页

素材	素材\Cha06\"游戏网页"文件夹
场景	场景\Cha06\制作游戏网页——行为的概念.html
视频	视频教学\Cha06\6.1 制作游戏网页——行为的概念.mp4

01 启动 Dreamweaver CC 软件后,新建一个 HTML 文档,按 Ctrl+Alt+T 组合键,弹出 Table 对话框,将【行数】设置为 2,将【列】设置为 1,将【表格宽度】设置为 989 像素,将【边框粗细】、【单元格边距】和【单元格间距】均设置为 0,如图6-2所示。

图6-2 插入表格

02 单击【确定】按钮。将光标放置在第 1 行单元格中,在【属性】面板中将单元格的【高】设置为 450,如图6-3所示。

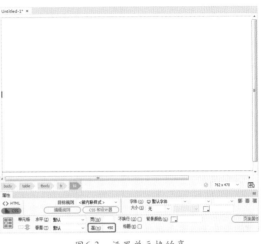

图6-3 设置单元格的高

03 单击【拆分】按钮,将光标置入至如图6-4所示的代码行中。

图6-4 将光标置入至代码中

04 按空格键,在弹出的列表中选择 background 选项,如图6-5所示。

图6-5 选择background选项

05 再在弹出的列表中选择【浏览】选项，如图 6-6 所示。

图 6-6　选择【浏览】选项

06 在弹出的【选择文件】对话框中选择"游戏网页\游戏.jpg"素材文件，如图 6-7 所示。

图 6-7　选择素材文件

07 单击【确定】按钮，然后单击【设计】按钮，在空白位置处单击鼠标右键，在弹出的快捷菜单中选择【插入】|Div 命令，在弹出的【插入 Div】对话框中，将 ID 设置为 div01，如图 6-8 所示。

图 6-8　【插入 Div】对话框

08 单击【新建 CSS 规则】按钮，在弹出的【新建 CSS 规则】对话框中，使用默认参数，如图 6-9 所示。

图 6-9　【新建 CSS 规则】对话框

09 单击【确定】按钮，弹出 CSS 规则定义对话框，在【分类】列表框中选择【定位】选项，然后将 Position 设置为 absolute，将 Width 设置为 990px，将 Height 设置为 195px，将 Placement 项选组中的 Top 设置为 54px、Left 设置为 11px，如图 6-10 所示。

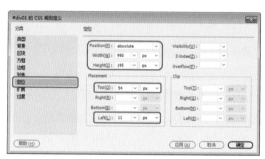

图 6-10　设置【定位】

10 单击【确定】按钮，返回到【插入 Div】对话框，然后单击【确定】按钮，在表格的第 1 行中插入 Div，如图 6-11 所示。

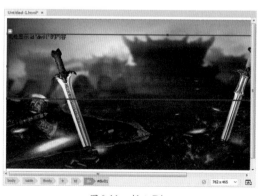

图 6-11　插入 Div

11 将 div01 中的文本删除，然后在菜单栏中选择【插入】|Table 命令，弹出 Table 对话框，将【行数】设置为 1，将【列】设置为 3，将【表格宽度】设置为 100%，如图 6-12 所示。

图 6-12　设置表格参数

12 单击【确定】按钮，将新插入表格的第 1 列的【宽】设置为 292，将第 2 列单元格的【宽】设置为 406，将【水平】设置为【居中对齐】，如图 6-13 所示。

图 6-13　设置单元格的宽与水平对齐

13 继续将光标插入到第 2 列中，按 Ctrl+Alt+I 组合键，弹出【选择图像源文件】对话框，选择"游戏网页\标题.png"素材文件，如图 6-14 所示。

14 单击【确定】按钮，选中插入的图像文件，在【属性】面板中将【宽】、【高】分别设置为 300px、195px，如图 6-15 所示。

图 6-14　选择素材文件

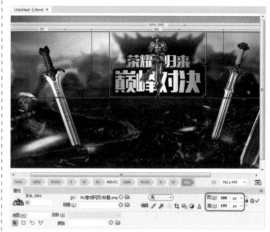

图 6-15　设置图像大小

15 在菜单栏中选择【插入】|Div 命令，在弹出的【插入 Div】对话框中将 ID 设置为 div02，如图 6-16 所示。

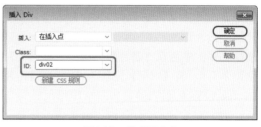

图 6-16　设置 ID 名称

16 CSS 规则定义单击【新建 CSS 规则】按钮，在弹出的【新建 CSS 规则】对话框中使用默认参数。单击【确定】按钮，在弹出的对话框中选择【分类】列表框的【定位】选项，然后将 Position 设置为 absolute，将 Width

设置为990px，将Height设置为204px，将Placement项选组中的Top设置为255px，如图6-17所示。

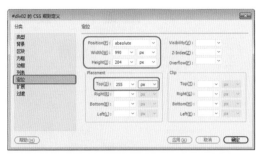

图6-17　设置【定位】

17 设置完成后，单击两次【确定】按钮，即可插入Div。将Div中的文本删除，在新建的Div中插入一个1行5列的表格，在【属性】面板中，将各个单元格的【宽】分别设置为340、309、14、296、30，如图6-18所示。

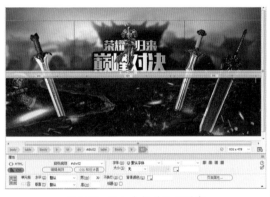

图6-18　插入表格并设置列宽

18 将光标插入到第2列表格中，单击【拆分】按钮，在<td>标签中输入添加背景文件的代码，添加"游戏网页\透明矩形.png"素材文件，然后在【属性】面板中，将【高】设置为196，将【水平】设置为【左对齐】，将【垂直】设置为【顶端】，如图6-19所示。

19 单击【设计】按钮，继续将光标置入至第2列单元格中，按Ctrl+Alt+T组合键，插入一个7行1列的表格，设置【单元格边距】为2，如图6-20所示。

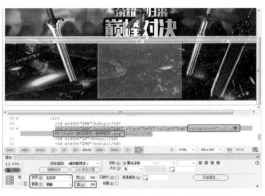

图6-19　插入素材图片并设置单元格格式

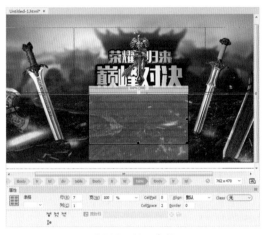

图6-20　插入表格

20 将第1行拆分为两列，并将第1行第1列的单元格【宽】、【高】分别设置68、61，然后插入"游戏网页\01.png"素材文件，并将其【宽】、【高】分别设置为68px、61px，如图6-21所示。

图6-21　插入图片并进行设置

21 在第1行第2列单元格中输入文本，

并选中输入的文本,在【属性】面板中,将【垂直】设置为【居中】,单击 CSS 按钮,将【字体】设置为【方正隶书简体】,将【大小】设置为24px,将字体颜色设置为白色,如图6-22所示。

#FFF,如图6-26所示。

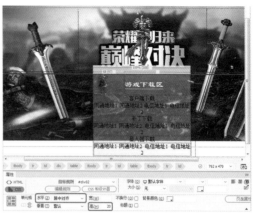

图6-24 输入文本

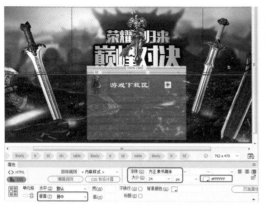

图6-22 输入文本

22 选中输入的文本,单击鼠标右键,在弹出的快捷菜单中选择【样式】|【下划线】命令,如图6-23所示。

图6-25 【新建CSS规则】对话框

图6-23 选择【下划线】命令

23 选中剩余的6行单元格,将【水平】设置为【居中对齐】,将【高】设置为20,然后输入文本,如图6-24所示。

24 在文档中单击鼠标右键,在弹出的快捷菜单中选择【CSS 样式】|【新建】命令,在弹出的【新建CSS 规则】对话框中,将【选择器名称】设置为 .text1,如图6-25所示。

25 单击【确定】按钮,在弹出对话框的【类型】面板中,将 Font-family 设置为【宋体】,将 Font-size 设置为12px,将 Color 设置为

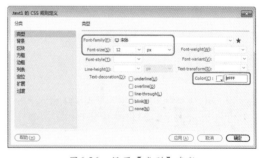

图6-26 设置【类型】参数

26 单击【确定】按钮。选中输入的文本,在【属性】面板中,将【目标规则】设置为 .text1,如图6-27所示。

● 提 示

若单元格的宽度有变化,可以手动拖曳单元格边框进行调整。

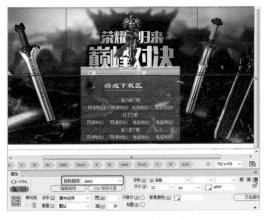

图6-27 设置文本样式

[27] 使用相同的方法，插入单元格并输入文本，如图6-28所示。

图6-28 插入单元格并输入文本

[28] 将光标插入到最后一行单元格中，将【水平】设置为【居中对齐】，将【背景颜色】设置为#000000，然后输入文本，并将其样式应用于.text1，如图6-29所示。

图6-29 输入文本

[29] 在文档窗口中选择如图6-30所示的图像，在【行为】面板中单击【添加行为】按钮，在弹出的下拉菜单中选择【打开浏览器窗口】命令。

图6-30 选择【打开浏览器窗口】命令

[30] 在弹出的对话框中单击【要显示的URL】右侧的【浏览】按钮，在弹出的【选择文件】对话框中选择"游戏网页\01-副本.jpg"素材文件，如图6-31所示。

图6-31 选择素材文件

疑难解答　【打开浏览器窗口】行为有什么作用？

为对象添加【打开浏览器窗口】行为后，在对网页进行预览时，单击添加行为的对象，即可打开该对象所链接的URL。例如在本例中为游戏人物添加了【打开浏览器窗口】行为，在对本案例进行预览时，单击该游戏人物，即可打开所链接的"01-副本.jpg"素材文件。

[31] 单击【确定】按钮，在返回的【打开浏览器窗口】对话框中勾选【需要时使用滚动条】与【调整大小手柄】复选框，如图6-32所示。

[32] 单击【确定】按钮，即可为选中的图像添加行为。使用同样的方法为另一个游戏人物添加相同的行为，制作完成后，对完成后的效果进行保存，按F12键预览，效果如图6-33所示。

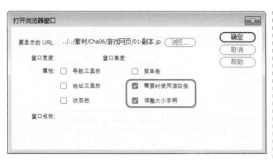

图6-32 勾选所需的复选框

图6-33 预览效果

6.1.1 【行为】面板

在Dreamweaver CC的【行为】面板中，可以实现添加行为、删除行为、控制行为等操作。

在菜单栏中选择【窗口】|【行为】命令，即可打开如图6-34所示的【行为】面板。

图6-34 【行为】面板

在【行为】面板中首先指定一个动作，然后指定触发该动作的事件，将其添加到【行为】面板中，比如将鼠标指针移动到对象上（事件）时，对象会发生预定的变化（动作）。

在【行为】面板中可以将行为附加到标签上，并可以修改面板中所有被附加的行为参数。

已附加到当前所选页面元素的行为将显示在行为列表中，并将行为以字母顺序列出。

【行为】面板中各选项的说明如下。

- 【添加行为】按钮 +：单击该按钮，在弹出的下拉列表中选择要添加的行为，在该列表中选择一个动作时，会弹出相应动作的对话框，可以在其中设置该动作的参数。

- 【删除事件】按钮 −：单击该按钮，将会把选中的事件或者行为在【行为】面板中删除。

- 【增加事件值】按钮 ▲：单击该按钮，可将行为选项向上移动，继而改变行为执行的顺序。

- 【降低事件值】按钮 ▼：单击该按钮，可将行为选项向下移动，继而改变行为执行的顺序。

> **提 示**
> 在【行为】面板中如果只有一个行为或者是不能在列表中上下移动的行为，箭头按钮将不会被激活，且不能使用。

6.1.2 在【行为】面板中添加行为

在Dreamweaver CC中，可以为任何网页元素添加行为，比如网页文档、图像、链接和表单元素等。也可以为一个事件添加多个行为，并按【行为】面板中行为列表的顺序来执行行为。

在【行为】面板中添加行为的具体操作步骤如下。

01 在页面中选择一个需要添加行为的对象，在【行为】面板中单击【添加行为】按钮 +，弹出行为下拉菜单，如图6-35所示。

02 在行为下拉菜单中选择需要添加的行为命令，会打开相应的参数对话框，我们可对其进行相应的参数设置，设置完成后，单击【确定】按钮，即可在【行为】面板中显示设置的行为，如图6-36所示。

图6-35 行为下拉菜单

图6-36 添加的行为

03 单击该行为的名称,在该行为名称的右侧会出现一个下拉按钮 ，单击该按钮,可以在弹出的下拉列表中看到全部的行为,如图6-37所示,可在其中选择任意一个行为。

图6-37 行为列表

6.2 制作篮球网页——内置行为

篮球运动是1891年由美国人詹姆斯·奈史密斯发明的。最初篮球游戏比较简单,场地大小和参加游戏的人数没有限制。比赛队员分成人数相等的两队,分别站在球场的两端,在裁判员向球场中央抛球后,双方队员立即冲进场内抢球,并力争将球投进对方的篮筐。随着场地设施的不断改进,篮筐取消了筐底,并改用铁圈代替篮筐,用木板制成篮板代替铁丝挡网,场地增设了中线、中圈和罚球线,比赛改由中场跳球开始。这大大提高了篮球游戏的趣味性,并且吸引了更多的人来参加这一游戏,从而使篮球运动很快普及到了全国。随着篮球运动的普及,新兴了很多篮球网站。本节将介绍如何制作篮球网页,效果如图6-38所示。

图6-38 篮球网页

素材	素材\Cha06\"篮球网页"文件夹
场景	场景\Cha06\制作篮球网页——内置行为.html
视频	视频教学\Cha06\6.2 制作篮球网页——内置行为.mp4

01 启动Dreamweaver CC软件后,新建一个HTML文档,单击【页面属性】按钮,在弹出的【页面属性】对话框中,将【左边距】、【右边距】、【上边距】和【下边距】均设置为0,

然后单击【确定】按钮，如图6-39所示。

02 按Ctrl+Alt+T组合键，弹出Table对话框，将【行数】、【列】均设置为1，将【表格宽度】设置为1000像素，将【边框粗细】、【单元格边距】和【单元格间距】均设置为0，如图6-40所示。

图6-39 【页面属性】对话框

图6-40 Table对话框

03 单击【确定】按钮，将第1行单元格的【高】设置为96、【背景颜色】设置为#212529，如图6-41所示。

图6-41 设置单元格属性

04 将光标插入到第1行单元格中，按Ctrl+Alt+I组合键，在弹出的【选择图像源文件】对话框中选择"篮球网页\标题.png"素材文件，如图6-42所示。

图6-42 选择素材图片

05 单击【确定】按钮，插入素材文件，效果如图6-43所示。

图6-43 插入图片

> **提 示**
> 为了使网页效果更加美观，在【标题.png】素材文件左侧添加三个空格，方法是按Ctrl+Shift+空格键。

06 将光标置于第一个表格右侧，在第一个表格的下方插入一个1行10列的表格，将【表格宽度】设置为1000像素，如图6-44所示。

07 选中前9列单元格，在【属性】面板中，将【宽】设置为72，将【高】设置为37，如图6-45所示。

08 将所有单元格的【水平】设置为【居中对齐】,将【背景颜色】设置为 #2587d4,如图 6-46 所示。

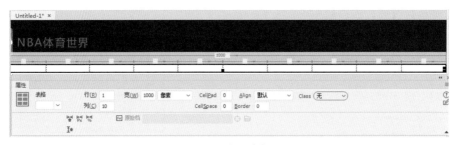

图6-44 插入表格

图6-45 设置单元格格式

图6-46 设置单元格

09 在单元格中输入文本,将【字体】设置为【微软雅黑】,将【大小】设置为 14px,将字体颜色设置为 #FFF,如图 6-47 所示。

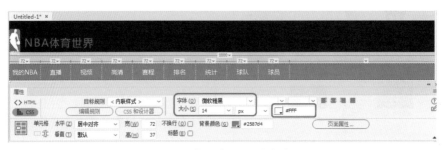

图6-47 输入并设置文本格式

10 将光标插入到第 10 列单元格,在菜单栏中选择【插入】|【表单】|【表单】命令,如图 6-48 所示。

11 执行该操作后,即可在第 10 列单元格中插入表单,效果如图 6-49 所示。

图6-48 选择【表单】命令

图6-49 插入表单

12 将光标插入到表单,然后在菜单栏中选择【插入】|【表单】|【搜索】命令,将插入的【搜索】控件的英文删除,然后选中文本框,在【属性】面板中,将 Value 值设置为【请输入关键字】,如图 6-50 所示。

图6-50 插入【搜索】表单并进行设置

13 将光标插入到文本框的右侧,在菜单栏中选择【插入】|【表单】|【按钮】命令,在【属性】面板中将 Value 设置为【查询】,如图 6-51 所示。

图6-51 插入【按钮】表单并进行设置

14 参照前面的操作方法,在 1 行 10 列的表格下方插入一个 1 行 1 列的表格,将单元格的【高】设置为 23、【背景颜色】设置为 #c7c7c7。然后输入【我的 NBA】文本,将【字体】设置为【微软雅黑】,将【大小】设置为 16px,将字体颜色设置为白色,如图 6-52 所示。

图6-52 插入单元格并输入文本

205

15 单击页面中的空白处，在菜单栏中选择【插入】|Div 命令，在弹出的【插入 Div】对话框中，将 ID 设置为 div01，如图 6-53 所示。

图6-53 【插入Div】对话框

16 单击【新建 CSS 规则】按钮，在弹出的【新建 CSS 规则】对话框中，使用默认参数，如图 6-54 所示。

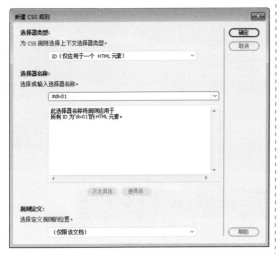

图6-54 【新建CSS规则】对话框

17 单击【确定】按钮，在弹出的 CSS 规则定义对话框中选择【分类】列表框中的【定位】选项，然后将 Position 设置为 absolute，将 Width 设置为 300px，将 Height 设置为 27px，将 Placement 选项组中的 Top 设置为 8px、Left 设置为 609px，如图 6-55 所示。

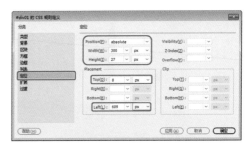

图6-55 设置【定位】

知识链接：Position

Position 参数用于确定浏览器应如何来定位选定的元素，选项如下所示。

- absolute：使用定位框中输入的、相对于最近的绝对或相对定位上级元素的坐标（如果不存在绝对或相对定位的上级元素，则为相对于页面左上角的坐标）来放置内容。
- fixed：使用定位框中输入的、相对于区块在文档文本流中的位置的坐标来放置内容区块。例如，若为元素指定一个相对位置，并且其上坐标和左坐标均为 20px，则将元素从其在文本流中的正常位置向右和向下移动 20px。也可以在使用（或不使用）上坐标、左坐标、右坐标或下坐标的情况下对元素进行相对定位，以便为绝对定位的子元素创建一个上下文。
- relative：使用定位框中输入的坐标（相对于浏览器的左上角）来放置内容。当用户滚动页面时，内容将在此位置保持固定。
- static：将内容放在其在文本流中的位置。这是所有可定位的 HTML 元素的默认位置。

18 单击【确定】按钮，返回到【插入 Div】对话框，然后单击【确定】按钮，插入 div01，如图 6-56 所示。

图6-56 插入【div01】

19 将 div01 中的文本删除，插入一个 1 行 4 列的表格，设置【表格宽度】为 100%，将单元格的【水平】设置为【居中对齐】、【宽】设置为 75、【高】设置为 28，如图 6-57 所示。

20 输入文本，然后将【字体】设置为【微软雅黑】，将【大小】设置为 14，将字体颜色设置为 #b3b3b3，如图 6-58 所示。

图 6-57 设置单元格

图 6-58 输入并设置文字格式

21 使用相同的方法插入新的 Div，将其命名为 div02，将【宽】设置为 600px，将【高】设置为 437px，将【上】设置为 156px，如图 6-59 所示。

图 6-59 插入 div02

22 将 div02 中的文本删除，然后在 div02 中插入一个 2 行 1 列的表格，将【表格宽度】设置为 100%，如图 6-60 所示。

23 将光标置入至第 1 行单元格中，按 Ctrl+Alt+I 组合键，在弹出的对话框中选择"篮球网页\图 .jpg"素材文件，单击【确定】按钮，将其插入至单元格中，效果如图 6-61 所示。

图 6-60 插入表格

24 将光标插入到第 2 行单元格，将【水平】设置为【居中对齐】，将【背景颜色】设置为 #0061C3，将【高】设置为 63。输入文本，然后将【字体】设置为【微软雅黑】，将【大小】设置为 30px，将字体颜色设置为白色，如图 6-62 所示。

25 使用相同的方法插入新的 Div，将其命名为 div03，将【宽】设置为 370px，将【高】设置为 437px，将【左】设置为 630px，将【上】设置为 156px，如图 6-63 所示。

图6-61　插入素材文件

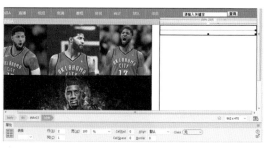

图6-64　插入表格

图6-65　拆分单元格并设置单元格格式

图6-62　设置单元格并输入文本

28 在单元格中输入文本，将【字体】设置为【微软雅黑】，将【大小】设置为14px，将字体颜色设置为白色，如图6-66所示。

图6-66　输入文本并设置格式

图6-63　插入div03

26 将div03中的文本删除，插入一个2行1列的表格，设置【表格宽度】为100%，如图6-64所示。

27 将第1行单元格拆分成4列，并选中第1行的4列单元格，将单元格的【水平】设置为【居中对齐】，将【宽】设置为25%，将【高】设置为36，将【背景颜色】设置为#0061C3，如图6-65所示。

29 将光标置入至第2行单元格中，插入一个5行1列的表格，如图6-67所示。

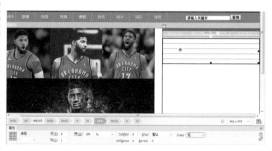

图6-67　插入表格

30 选中第1行单元格，将单元格的【水平】设置为【居中对齐】，将【高】设置为36，将【背景颜色】设置为黑色。然后输入文本，将【字体】设置为【微软雅黑】，将【大小】设置为24px，将字体颜色设置为#c8103d，如图6-68所示。

图6-68　设置单元格并输入文本

31 将第2行单元格拆分成6行2列，选中第1列单元格，将【水平】设置为【居中对齐】，将【宽】设置为11%，将【高】设置为21，如图6-69所示。

> **提　示**
>
> 在此将第2行单元格拆分成6行2列时，可以先拆分为6行，然后再将拆分的行逐一拆分为2列。

图6-69　拆分单元格

32 在单元格中分别插入"篮球网页\视频.png"素材文本并输入文本，将【字体】设置为【华文细黑】，将【大小】设置为14px，并将所有单元格的【背景颜色】设置为#CCCCCC，如图6-70所示。

图6-70　插入图片并输入文本

33 使用相同的方法拆分其他单元格并编辑单元格的内容，效果如图6-71所示。

图6-71　编辑其他单元格的内容

34 使用相同的方法插入新的Div，将其命名为div04，将【宽】设置为1000px，将【高】设置为28px，将【左】设置为0px，将【上】设置为596px，将【背景颜色】设置为#C7C7C7，如图6-72所示。

图6-72　插入div04

35 将div04中的文本删除，然后输入文本，将【字体】设置为【微软雅黑】，将【大小】设置为18px，将字体颜色设置为白色，如图6-73所示。

图6-73　输入并设置文本

36 使用相同的方法插入新的Div，将其命名为div05，将【宽】设置为1000px，将【高】设置为360px，将【上】设置为624px，如图6-74所示。

图6-74 插入div05

37 将div05中的文本删除，按Ctrl+Alt+T组合键，弹出Table对话框，将【行数】设置为1，将【列】设置为2，将【表格宽度】设置为1000像素，如图6-75所示。

图6-75 Table对话框

38 单击【确定】按钮，将第1列单元格的【宽】设置为604，如图6-76所示。

图6-76 设置单元格的宽

39 参照前面的操作步骤，在单元格中插入素材文件，如图6-77所示。

40 使用相同的方法插入新的Div，将其命名为div06，将【宽】设置为1000px，将【高】设置为28px，将【上】设置为990px，将【背景颜色】设置为#C7C7C7。然后输入文本，将【字体】设置为【微软雅黑】，将【大小】设置为18，将字体颜设置为白色，如图6-78所示。

图6-77 插入素材文件

图6-78 插入div06并输入文本

41 使用相同的方法插入新的Div，将其命名为div07，将【宽】设置为1000px，将【高】设置为274px，将【上】设置为1018px。将div07中的文本删除，然后插入一个3行10列的表格，如图6-79所示。

图6-79 插入div07和表格

42 选中所有单元格，将【水平】设置为【居中对齐】，将【高】设置为91，然后在各个单元格中插入素材图片，如图6-80所示。

图6-80 插入素材图片

43 使用相同的方法插入新的Div，将其命名为div08，将【宽】设置为1000px，将

【高】设置为100px，将【上】设置为1293px，将【背景颜色】设置为#363535。然后输入文本，将【字体】设置为【微软雅黑】，将【大小】设置为14px，将字体颜色设置为白色，单击【居中对齐】按钮，如图6-81所示。

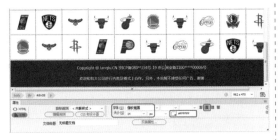

图6-81　插入div08并输入文本

44 在文档窗口中选择如图6-82所示的图像，在【行为】面板中单击【添加行为】按钮，在弹出的下拉菜单中选择【弹出信息】命令。

图6-82　选择【弹出信息】命令

45 在弹出的【弹出信息】对话框的【消息】文本框中输入【即将观看视频】，如图6-83所示。

图6-83　在【消息】文本框中输入内容

46 单击【确定】按钮，在文档窗口中选择如图6-84所示的按钮，在【行为】面板中单击【添加行为】按钮，在弹出的下拉菜单中选择【转到URL】命令。

47 在弹出的对话框中单击URL右侧的【浏览】按钮，在弹出的【选择文件】对话框中

选择"篮球网页\链接网页.html"素材文件，如图6-85所示。

图6-84　选择【转到URL】命令

图6-85　选择素材文件

48 单击【确定】按钮，返回【转到URL】对话框，单击【确定】按钮。按F12键预览效果，在搜索文本框中输入【保罗-乔治】，单击【查询】按钮，如图6-86所示。

图6-86　预览效果

49 单击【查询】按钮后，即可链接到"链接网页.html"素材文件，效果如图6-87所示。

图6-87　链接到其他网页素材后的效果

6.2.1 交换图像

【交换图像】行为是通过更改图像标签的src属性，将一个图像与另一个图像进行交换。使用该行为可以创建【鼠标经过图像】和其他的图像效果。

使用【交换图像】行为的具体操作步骤如下。

01 启动 Dreamweaver CC 软件，按 Ctrl+O 组合键，在弹出的【打开】对话框中选择"酒店素材.html"素材文件，如图6-88所示。

图6-88　选择素材文件

02 单击【打开】按钮，即可将选中的素材文件打开，效果如图6-89所示。

03 在文档窗口中选择如图6-90所示的图像，在【行为】面板中单击【添加行为】按钮 +，在弹出的下拉菜单中选择【交换图像】命令。

04 在弹出的【交换图像】对话框中单击【设定原始档为】文本框右侧的【浏览】按钮，如图6-91所示。

图6-89　打开的素材文件

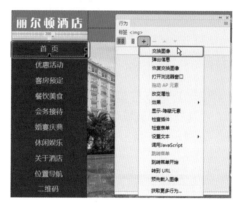

图6-90　选择【交换图像】命令

图6-91　单击【浏览】按钮

05 在弹出的【选择图像源文件】对话框中选择"首页2.jpg"素材文件，如图6-92所示。

图6-92　选择素材文件

06 单击【确定】按钮,在返回的【交换图像】对话框中单击【确定】按钮,执行该操作后,即可为其添加【交换图像】行为,如图6-93所示。

图6-93 添加【交换图像】行为

07 使用同样的方法为其下方的其他图像添加【交换图像】行为,添加完成后,按F12键在浏览器中查看添加【交换图像】行为后的效果。在鼠标还未经过图像时的效果如图6-94所示。将鼠标放置在添加【交换图像】行为的图像上时,图像会发生变化,效果如图6-95所示。

图6-94 鼠标未经过图像的效果

> **疑难解答** 为什么在预览时无法查看【交换图像】效果?
>
> 在浏览时,将鼠标经过添加【交换图像】行为的图片时,可能不会发生任何变化,在浏览器地址栏下方会出现一个提示,单击【允许阻止的内容】按钮,如图6-96所示,即可在当前网页中查看【交换图像】效果。

图6-95 鼠标经过图像效果

图6-96 单击【允许阻止的内容】按钮

6.2.2 弹出信息

使用【弹出信息】动作可以在浏览者单击某个行为时,显示一个带有 JavaScript 的警告。由于 JavaScript 警告只有一个【确定】按钮,所以该动作只能作为提示信息,而不能为浏览者提供选择。

使用【弹出信息】动作的具体操作步骤如下。

01 继续上面的操作,在文档窗口中选择如图6-97所示的图像,在【属性】面板中单击【矩形热点工具】按钮。

02 使用【矩形热点工具】按钮在选中的图像文件上绘制一个矩形热点,效果如

图 6-98 所示。

图6-97 选择图像并单击【矩形热点工具】按钮

图6-98 绘制热点

03 在【属性】面板中单击【指针热点工具】按钮，选中绘制的热点，在【行为】面板中单击【添加行为】按钮，在弹出的下拉菜单中选择【弹出信息】命令，如图 6-99 所示。

图6-99 选择【弹出信息】命令

04 执行该操作后，即可弹出【弹出信息】对话框，在【消息】文本框中输入【服务器繁忙，请稍候……】，如图 6-100 所示。

图6-100 在【消息】文本框中输入内容

05 输入完成后，单击【确定】按钮，执行该操作后，即可为选中的热点添加【弹出信息】行为，如图 6-101 所示。

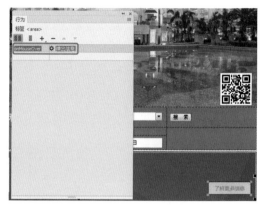

图6-101 添加【弹出信息】行为

06 按 F12 键，在打开的浏览器中预览添加【弹出信息】行为后的效果，如图 6-102 所示。

图6-102 预览添加【弹出信息】行为后的效果

6.2.3 恢复交换图像

恢复图像是将最后一组交换的图像恢复为它们以前的源文件，仅在【交换图像】行为后使用。此动作会自动添加到链接的交换图像动作的对象中去。

如果在附加【交换图像】行为时选择了【鼠标滑开时恢复图像】复选框，则不需要选择【恢复交换图像】行为。

6.2.4 打开浏览器窗口

使用【打开浏览器窗口】动作可以在窗口中打开指定的 URL，还可根据页面效果的需求调整窗口的高度、宽度、属性和名称等。

使用【打开浏览器窗口】动作的具体操作步骤如下。

01 继续上面的操作，在文档窗口中选择如图 6-103 所示的图像。

图6-103　选择图像

02 在【行为】面板中单击【添加行为】按钮 +,，在弹出的下拉菜单中选择【打开浏览器窗口】命令，如图 6-104 所示。

图6-104　选择【打开浏览器窗口】命令

03 执行该操作后，即可打开【打开浏览器窗口】对话框，如图 6-105 所示。

图6-105　【打开浏览器窗口】对话框

【打开浏览器窗口】对话框中的各选项说明如下。

- 【要显示的 URL】：单击该文本框右侧的【浏览】按钮，在打开的对话框中选择要链接的文件；或者在文本框中输入要链接的文件的路径。
- 【窗口宽度】：设置所打开的浏览器的宽度。
- 【窗口高度】：设置所打开的浏览器的高度。
- 【属性】选项组中各选项的说明如下。
    - 【导航工具栏】：勾选此复选框，浏览器的组成部分包括【地址】、【主页】、【前进】、【主页】和【刷新】等。
    - 【菜单条】：勾选此复选款，在打开的浏览器窗口中显示菜单，如【文件】、【编辑】和【查看】等。
    - 【地址工具栏】：勾选此复选框，浏览器窗口的组成部分有【地址】。
    - 【需要时使用滚动条】：勾选此复选框，在浏览器窗口中，不管内容是否超出可视区域，在窗口右侧都会出现滚动条。
    - 【状态栏】：位于浏览器窗口的底部，在该区域显示消息。
    - 【调整大小手柄】：勾选此复选框，浏览者可任意调整窗口的大小。
- 【窗口名称】：在此文本框中输入弹出浏览器窗口的名称。

04 在该对话框中单击【要显示的 URL】文本框右侧的【浏览】按钮，在弹出的对话框中选择"大图 - 副本 .jpg"素材文件，如图 6-106 所示。

05 单击【确定】按钮，在返回的【打开浏览器窗口】对话框中勾选【需要时使用滚动条】和【调整大小手柄】复选框，如图 6-107 所示。

图6-106　选择素材文件

图6-109　跳转至所链接的图像文件中

6.2.5 拖动AP元素

【拖动AP元素】行为可以让浏览者拖动绝对定位的AP元素，此行为适用于拼版游戏、滑块空间等其他可移动的界面元素。

使用【拖动AP元素】行为的具体操作步骤如下。

01 继续上面的操作，在状态栏中的标签选择器中单击body标签，图6-110所示。

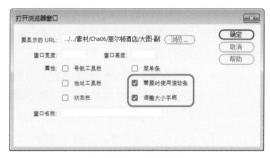

图6-107　勾选复选框

06 单击【确定】按钮，即可为选中图像添加【打开浏览器窗口】行为。按F12键预览效果，将光标移至添加【打开浏览器窗口】行为的图像上，如图6-108所示。

图6-110　单击body标签

02 在【行为】面板中单击【添加行为】按钮 +，在弹出的下拉菜单中选择【拖动AP元素】命令，如图6-111所示。

03 打开【拖动AP元素】对话框，使用其默认参数，如图6-112所示。

04 单击【确定】按钮，即可将【拖动AP元素】行为添加到【行为】面板中，如图6-113所示。

图6-108　将光标移至添加行为的图像上

07 单击该图像，即可跳转至所链接的图像文件中，效果如图6-109所示。

05 保存文件，按F12键在浏览窗口中预览添加【拖动AP元素】行为的效果，如图6-114和图6-115所示。

图6-111 选择【拖动AP元素】命令

图6-115 拖动图像

6.2.6 改变属性

使用【改变属性】行为可以改变对象的某个属性的值,还可以设置动态 AP Div 的背景颜色。浏览器决定了属性的更改效果。

添加【改变属性】行为时,将会弹出【改变属性】对话框,如图 6-116 所示。

图6-112 【拖动AP元素】对话框

图6-116 【改变属性】对话框

【改变属性】对话框中各选项的说明如下。

- 【元素类型】:单击右侧的下拉按钮,在下拉列表中选择需要更改其属性的元素类型。

图6-113 添加【拖动AP元素】行为

- 【元素 ID】:单击右侧的下拉按钮,在下拉列表中包含了所有选择类型的命名元素。

- 【选择】:单击右侧的下拉按钮,可在下拉列表中选择一个属性。如果要查看每个浏览器中可以更改的属性,可以从浏览器的弹出的菜单中选择不同的浏览器或浏览版本。

图6-114 选择图像

- 【输入】:可在此文本框中输入该属性的名称。如果正在输入属性名称,一定要使用该属性的准确 JavaScript 名称。

- 【新的值】：在此文本框中，输入新的属性值。

6.2.7 效果

在 Dreamweaver CC 中经常使用的行为还有【效果】行为，它一般用于页面广告的打开、隐藏，文本的滑动和页面收缩等。

下面以【效果】行为中的 Puff 效果为例进行介绍。

01 继续上面的操作，在文档窗口中选择如图 6-117 所示的图像。

图 6-117 选择图像

02 在【行为】面板中单击【添加行为】按钮 +，在弹出的下拉菜单中选择【效果】| Puff 命令，如图 6-118 所示。

图 6-118 选择 Puff 命令

03 在弹出的 Puff 对话框中使用其默认设置即可，如图 6-119 所示。

图 6-119 Puff 对话框

04 单击【确定】按钮，按 F12 键预览效果，如图 6-120 所示。

图 6-120 预览效果

6.2.8 显示-隐藏元素

使用【显示 - 隐藏元素】动作可以显示、隐藏、恢复一个或多个 AP Div 元素的可见性。用户可以使用此行为来制作浏览者与页面进行交互时显示的信息。

在浏览器中单击添加【显示 - 隐藏元素】行为的图像时，会隐藏或显示一个信息。

使用【显示 - 隐藏元素】动作的具体操作步骤如下。

01 打开"丽尔顿酒店\酒店素材.html"素材文件，在【行为】面板中单击【添加行为】按钮，在弹出的下拉菜单中选择【显示 - 隐藏元素】命令，如图 6-121 所示。

02 在弹出的【显示 - 隐藏元素】对话框中选择【元素】列表框中的 div"div01" 选项，单击【隐藏】按钮，如图 6-122 所示。

03 设置完成后，单击【确定】按钮，即可在【行为】面板中添加【显示 - 隐藏元素】行为，如图 6-123 所示。

图6-121　选择【显示-隐藏元素】命令

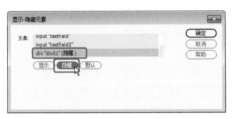

图6-122　单击【隐藏】按钮

图6-123　添加【显示-隐藏元素】行为

04 按F12键预览效果。在预览时，添加【显示-隐藏元素】的对象将会被隐藏，效果如图6-124所示。

图6-124　预览效果

6.2.9　检查插件

使用【检查插件】行为可以根据访问者是否安装了指定的插件这一情况而跳转到不同的页面。

使用【检查插件】行为的具体操作步骤如下。

01 打开"检查插件素材.html"文件，如图6-125所示。

图6-125　原始文件

02 选中【网红甜品】文本，打开【行为】面板，单击【添加行为】按钮 +，在弹出的下拉菜单中选择【检查插件】命令，如图6-126所示。

图6-126　选择【检查插件】命令

03 打开【检查插件】对话框，如图6-127所示。

图6-127　【检查插件】对话框

【检查插件】对话框中各选项的说明如下。

- 【选择】：选中此选项，单击右侧的下拉按钮，在弹出的下拉列表中选择一种插件。
- 【输入】：选中此选项，在文本框中输入插件的确切名称。
- 【如果有，转到 URL】：单击文本框右侧的【浏览】按钮，在弹出的【选择文件】对话框中浏览并选择文件。单击【确定】按钮，即可将选择的文件显示在此文本框中，或者在此文本框中直接输入正确的文件路径。
- 【否则，转到 URL】：为不具有该插件的访问者指定一个替代 URL。
- 【如果无法检测，则始终转到第一个 URL】复选框：如果插件内容对于网页是必不可少的一部分，则应勾选该复选框，浏览器通常会提示不具有该插件的访问者下载该插件。

04 在【检查插件】对话框中单击【选择】文本框右侧的下拉按钮，在下拉列表中选择 Live Audio 选项，单击【如果有，转到 URL】文本框右侧的【浏览】按钮，在弹出的【选择文件】对话框中选择"网红甜品.jpg"素材文件，如图 6-128 所示。

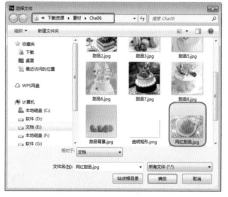

图6-128 【选择文件】对话框

05 单击【确定】按钮，选择的文件即被显示在【检查插件】对话框中，然后在【否则，转到 URL】文本框中输入"甜品 1.jpg"，单击【确定】按钮，即可在页面中添加【检查插件】

行为。在【事件】列表中选择 onClick 选项，如图 6-129 所示。

图6-129 设置完成后效果

6.2.10 设置文本

利用【设置文本】行为可以在页面中设置文本，其内容主要包括设置容器的文本、设置文本域文字、设置框架文本和设置状态栏文本。

1. 设置容器的文本

用户可通过在页面中添加【设置容器的文本】行为替换页面上 AP Div 的内容和格式（包括 HTML 原代码），但是仍会保留 AP Div 的属性和颜色。

使用【设置容器的文本】行为的具体操作步骤如下。

01 打开"设置容器的文本素材 .html"素材文件，如图 6-130 所示。

图6-130 原始文件

02 在文档窗口中选择一个对象，在【行为】面板中单击【添加行为】按钮 +，在下拉菜单中选择【设置文本】|【设置容器的文本】命令，如图 6-131 所示。

图6-131 选择【设置容器的文本】命令

03 打开【设置容器的文本】对话框，单击【容器】文本框右侧的下拉按钮，在弹出的下拉列表中选择div"div01"选项，在【新建HTML】文本框中输入名称，如图6-132所示。

图6-132 【设置容器的文本】对话框

04 单击【确定】按钮，添加的【设置容器的文件】命令即会被显示在【行为】面板中，在【事件】列表中选择onClick选项，如图6-133所示。

图6-133 添加的行为

2.设置文本域文本

使用【设置文本域】行为可以将指定的内容替换表单文本域中的文本内容。

使用【设置文本域】行为的具体操作步骤如下。

01 在文本框中选择文本域，在【行为】面板中单击【添加行为】按钮 +，在弹出的【设置文本域文字】对话框中进行设置。

02 设置完成后，单击【确定】按钮，即可将【设置文本域文字】行为添加到【行为】面板中。

3.设置框架文本

【设置框架文本】动作用于包含框架结构的页面，可以动态改变框架的文本，转变框架的显示、替换框架的内容。

4.设置状态栏文本

在页面中使用【设置状态栏文本】行为，可在浏览器窗口底部左下角的状态栏中显示消息。

使用【设置状态栏文本】行为的具体操作步骤如下。

01 打开"设置状态栏文本素材.html"文件，如图6-134所示。

图6-134 打开素材文件

02 在【行为】面板中单击【添加行为】按钮 +，在下拉菜单中选择【设置文本】|【设置状态栏文本】命令，如图6-135所示。

图6-135 选择【设置状态栏文本】命令

03 打开【设置状态栏文本】对话框，在【消息】文本框中输入内容，如图6-136所示。

图6-136 【设置状态文本】对话框

04 单击【确定】按钮，即可将添加的行为显示在【行为】面板中，如图6-137所示。

图6-137 添加的行为

05 保存文件，按F12键在预览窗口中进行预览，如图6-138所示。

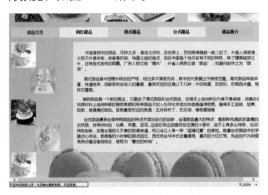

图6-138 状态栏文本效果

6.2.11 跳转菜单

跳转菜单可建立URL与弹出菜单列表项之间的关联。通过从列表中选择一项，浏览器将跳转到指定的URL。下面将介绍插入跳转菜单的具体操作步骤。

01 打开"跳转菜单素材.html"素材文件，如图6-139所示。

图6-139 打开素材文件

02 选择【港式甜品】选项，在【行为】面板中单击【添加行为】按钮 + ，在下拉菜单中选择【跳转菜单】命令，如图6-140所示。

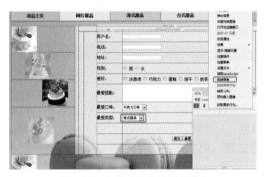

图6-140 选择【跳转菜单】命令

03 执行该命令后，系统将自动弹出【跳转菜单】对话框，如图6-141所示。

图6-141 【跳转菜单】对话框

04 在该对话框的【菜单项】下拉列表中选择【台式甜品】，【文本】文本框会自动填入名称，单击【选择时，转到URL】文本框右侧的【浏览】按钮，在弹出的【选择文件】对话框中选择"台式甜品.jpg"素材文件，如图6-142所示。

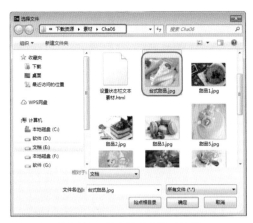

图 6-142 【选择文件】对话框

05 设置完成后，单击【确定】按钮，即可完成设置，如图 6-143 所示。

图 6-143 设置【跳转菜单】

06 单击【确定】按钮，设置完成，将文档保存。按 F12 键可以在网页中进行预览，如图 6-144 所示。

图 6-144 预览文档效果

【跳转菜单】对话框中各选项的含义如下。

- ＋ 和 － 按钮：添加或删除一个菜单项。
- ▼ 和 ▲ 按钮：选定一个菜单项，单击按钮，可移动此菜单项在列表中的位置。
- 【文本】文本框：输入要在菜单或列表中显示的文本。
- 【选择时，转到 URL】文本框：单击【浏览】按钮，打开【选择文件】对话框选择文件，或在文本框中直接输入文件的路径。
- 【打开 URL 于】下拉列表框：在下拉列表中，选择文件的打开位置。
  - ◆ 【主窗口】：在同一个窗口中打开文件。
  - ◆ 【框架】：在所选框架中打开文件。
- 【更改 URL 后选择第一个项目】复选框：选择该复选框后，可设置跳转后重新定义菜单的第一个选项为默认选项。

6.2.12 转到URL

在页面中使用【转到 URL】行为，可在当前窗口中指定一个新的页面，此行为适用于通过一次单击更改两个或多个的框架内容。

使用【转到 URL】行为的具体操作步骤如下。

01 打开 "转到 URL 素材 .html" 素材文件，如图 6-145 所示。

图 6-145 打开素材文件

02 在文本窗口中选择一个对象，单击【行为】面板中的【添加行为】按钮 ＋，在弹出的下拉菜单中选择【转到 URL】命令，如图 6-146 所示。

图6-146 选择【转到URL】命令

03 打开【转到URL】对话框，在URL文本框中输入要转到的URL，如图6-147所示。

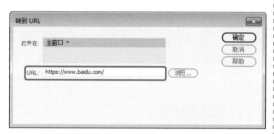

图6-147 【转到URL】对话框

04 单击【确定】按钮，即可将添加的行为显示在【行为】面板中，如图6-148所示。

图6-148 添加的行为

05 保存文件，按F12键在预览窗口中进行预览，如图6-149和图6-150所示。

图6-149 效果1

图6-150 效果2

6.3 上机练习——民谣音乐网页

音乐是反映人类现实生活情感的一种艺术，它能提高人的审美能力，净化人们的心灵。通过音乐，可抒发我们的情感，使很多情绪得到释放。本例将介绍如何制作音乐网页，效果如图6-151所示。

素材	素材\Cha06\"民谣音乐"文件夹
场景	场景\Cha06 \上机练习——民谣音乐网页设计.html
视频	视频教学 \ Cha06 \6.3 上机练习——民谣音乐网页设计.mp4

01 启动Dreamweaver CC软件后，按Ctrl+N组合键，弹出【新建文档】对话框，选择【新建文档】|HTML|【无】选项，单击【创建】按钮，如图6-152所示。

图6-151 民谣音乐网页

图6-152 新建文档

02 新建文档后，在底部的【属性】面板中选择CSS，然后单击【页面属性】按钮，弹出【页面属性】对话框，在【分类】列表框中选择【外观（CSS）】选项，将【左边距】、【右边距】、【上边距】、【下边距】均设置为50px，设置完成后单击【确定】按钮，如图6-153所示。

03 按Ctrl+Alt+T组合键，弹出Table对话框，将【行数】设置为1，将【列】设置为5，将【表格宽度】设置为900像素，将【边框粗

细】、【单元格边距】、【单元格间距】均设置为0，单击【确定】按钮，如图6-154所示。

图6-153 设置外观

图6-154 创建表格

04 选择上一步创建的所有单元格，在【属性】面板，将【水平】设置为【居中对齐】，将【高】设置为100，如图6-155所示。

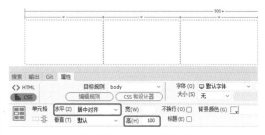

图6-155 设置表格格式

知识链接:表格

表格是网页中的一个非常重要的元素，它可以控制文本和图形在页面上出现的位置。HTML本身没有提供更多的排版手段，为了实现网页的精细排版，我们经常使用表格。在页面中创建表格之后，我们可以为其添加内容、修改单元格和列/行属性，或者复制和粘贴多个单元格等。

在网页制作过程中，表格被更多地用于网页内容排版，例如要将文字放在页面的某个位置，就可以插

入表格，然后设置表格属性，文字放在表格的某个单元格里就行了。

在Dreamweaver CC中，可以使用表格清晰地显示列表数据，也可以利用表格将各种数据排成行和列，从而更容易阅读信息。

如果创建的表格不能满足需要，我们可以重新设置表格的属性，如表格的行数、列数、表格高度、宽度等。修改表格属性一般在【属性】面板中进行。

05 选择第1列表格，将其【宽】设置为316，将其他列的【宽】设置为146。将光标插入到第1列单元格中，按Ctrl+Alt+I组合键，弹出【选择图像源文件】对话框，选择"民谣音乐\素材1.jpg"素材文件，单击【确定】按钮，如民谣音乐图6-156所示。

图6-156　插入图片素材

06 插入图片后的效果如图6-157所示。

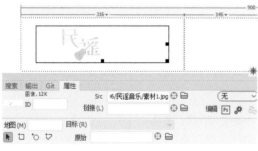

图6-157　插入图片素材

07 选择第2列单元格，输入【首页】文本，将【字体】设置为【微软雅黑】，将【大小】设置为24px，将字体颜色设置为#EDEAD3，如图6-158所示。

08 使用同样的方法，在其他表格中输入文本，完成后的效果如图6-159所示。

图6-158　输入文本

图6-159　输入其他文本

> **提　示**
>
> 在设置文本字体时，如果在【属性】面板的【字体】列表中没有需要的文本，可以在【属性】面板中单击【字体】右侧的下三角按钮，在弹出的下拉菜单中选择【管理字体】命令，如图6-160所示。此时会弹出【管理字体】对话框，切换到【自定义字体堆栈】选项卡，在【可用字体】列表中选择需要的字体，然后单击 << 按钮，添加完成后单击【完成】按钮，如图6-161所示。

图6-160　选择【管理字体】命令

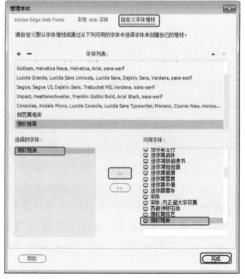

图6-161　添加字体

09 文本输入完成后，在空白区域单击，按 Ctrl+Alt+T 组合键，弹出 Table 对话框，将【行数】设置为 2，将【列】设置为 1，将【表格宽度】设置为 900 像素，将【边框粗细】、【单元格边距】、【单元格间距】均设置为 0，如图 6-162 所示。

图 6-162 设置表格

10 将光标插入到第 1 行单元格，在菜单栏中选择【插入】|HTML|【水平线】命令，即可插入水平线，如图 6-163 所示。

图 6-163 插入水平线

11 将光标插入到第 2 行单元格，按 Ctrl+Alt+I 组合键，在弹出的【选择图像源文件】对话框中选择"素材 2.jpg"素材文件，单击【确定】按钮，效果如图 6-164 所示。

图 6-164 插入素材图片

12 在空白区域单击，按 Ctrl+Alt+T 组合键，弹出 Table 对话框，将【行数】设置为 1，将【列】设置为 3，将【表格宽度】设置为 900 像素，将【边框粗细】、【单元格边距】、【单元格间距】均设置为 0，效果如图 6-165 所示。

13 选择上一步插入的单元格，在【属性】面板中将【宽】设置为 300，将【水平】设置为【居中对齐】，如图 6-166 所示。

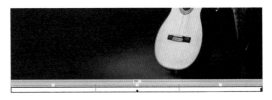

图 6-165 插入表格

图 6-166 设置表格属性

14 使用前面讲过的方法，分别在表格中插入素材图片，如图 6-167 所示。

图 6-167 插入素材图片

> **知识链接：单元格的属性**

【水平】：指定单元格、行或列内容的水平对齐方式。可以将内容对齐到单元格的左侧、右侧或使之居中对齐，也可以指示浏览器使用其默认的对齐方式（通常常规单元格为左对齐，标题单元格为居中对齐）。

【垂直】：指定单元格、行或列内容的垂直对齐方式。可以将内容对齐到单元格的顶端、中间、底部或基线，或者指示浏览器使用其默认的对齐方式（通常是中间）。

【宽】和【高】：所选单元格的宽度和高度，以像素为单位或按整个表格宽度或高度的百分比指定。若要指定百分比，需在值后面使用百分比符号 (%)。若要让浏览器根据单元格的内容以及其他列和行的宽度和高度确定适当的宽度或高度，需将此域留空（默认设置）。

15 选择上一步插入的第一张素材图片，在【行为】面板中单击【添加行为】按钮 +，在下拉菜单中选择【交换图像】命令，如图 6-168 所示。

16 单击【设置原始档为】文本框右侧的【浏览】按钮，弹出【选择图像源文件】对话框，选择"民谣音乐\立即试听 1.jpg"素材文件，如图 6-169 所示。

图6-168 选择【交换图像】命令

图6-171 【行为】面板

图6-169 【选择图像源文件】对话框

图6-172 交换图像效果

17 单击【确定】按钮，返回到【交换图像】对话框，可以看到被添加的图像路径显示在【设定原始档为】文本框中，如图6-170所示。

20 根据前面讲过的方法，分别为其他素材图片添加【交换图像】行为，如图6-173所示。

图6-173 添加【交换图像】行为

图6-170 【交换图像】对话框

18 单击【确定】按钮，可在【行为】面板中看到添加的行为，如图6-171所示。

19 单击【实时视图】按钮，切换视图，查看交换图像效果，如图6-172所示。

21 在上一步插入图片表格的下方空白区域单击，按Ctrl+Alt+T组合键，弹出Table对话框，将【行数】设置为1，将【列】设置为6，将【表格宽度】设置为900像素，将【边框粗细】、【单元格边距】、【单元格间距】均设置为0。选择创建的所有单元格，将其单元格的【宽】设置为150，如图6-174所示。

图6-174 插入表格

22 将光标插入到上一步创建的表格第1列中，输入【热歌榜】，将【字体】设置为【微软雅黑】，将【大小】设置为24px，将字体颜色设置为#F2F0E0，如图6-175所示。

图6-175 输入文本

23 使用同样的方法在第3、5列中分别输入【新歌榜】和【经典老歌】文本，如图6-176所示。

图6-176 输入文本

24 在剩余的列表格分别插入"民谣音乐\播放全部.png"素材文件，效果如图6-177所示。

图6-177 插入素材后的效果

25 在空白区域单击，按Ctrl+Alt+T组合键，弹出Table对话框，将【行数】设置为1，将【列】设置为3，将【表格宽度】设置为900像素，将【边框粗细】、【单元格边距】、【单元格间距】均设置为0，选中所有单元格，将其【宽】设置为300，如图6-178所示。

图6-178 插入表格

26 将光标插入到第1列单元格，按Ctrl+Alt+T组合键，弹出Table对话框，将【行数】设置为10，将【列】设置为4，将【表格宽度】设置为100百分比，将【边框粗细】、【单元格边距】、【单元格间距】均设置为0，如图6-179所示。

27 在场景中选择第1、3、5、7、9行，将【背景颜色】设置为#333333，效果如图6-180所示。

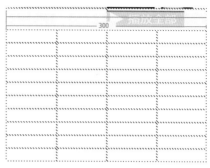

图6-179 插入表格

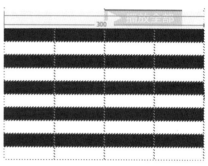

图6-180 设置背景颜色

> **提示**
> 默认情况下，浏览器选择行高和列宽的依据是能够在列中容纳最宽的图像或最长的行。这就是为什么当内容添加到某个列时，该列有时变得比表格中其他列宽得多的原因。

28 使用前面讲过的方法，在上一步创建的表格内输入文字并插入素材图片。为了便于观察，先将白色表格的背景颜色填充为黑色，完成后的效果如图6-181所示。观察完成后，将填充黑色的表格背景颜色设置为无色。

01	一万次悲伤	逃跑计划	▶
02	消愁	毛不易	▶
03	理想	赵雷	▶
04	从前慢	刘胡轶	▶
05	年少有为	李荣浩	▶
06	南方姑娘	赵雷	▶
07	因为一个人	张磊	▶
08	太空	吴青峰	▶
09	离人愁	李袁杰	▶
10	南方姑娘	赵雷	▶

图6-181 输入文本并插入素材

29 选择上一步制作的歌单单元格，按Ctrl+C组合键进行复制。将光标分别插入到另外两个单元格中，按Ctrl+V组合键进行粘贴，如图 6-182 所示。

图6-182　复制表格后的效果

[30] 按 Ctrl+Alt+T 组合键，弹出 Table 对话框，将【行数】设置为 1，将【列】设置为 3，将【表格宽度】设置为 900 像素，将【边框粗细】、【单元格边距】、【单元格间距】均设置为 0，并将单元格的【宽】都设置为 300，如图 6-183 所示。

图6-183　创建表格

[31] 选择上一步创建的 3 个单元格，在每个单元格中输入【完整榜单 >>】文本，将【字体】设置为【微软雅黑】，将【大小】设置为 16px，将字体颜色设置为 #CCC，配合空格键进行设置，效果如图 6-184 所示。

图6-184　输入文本

[32] 再次插入一个 1 行 1 列的表格，将【表格宽度】设置为 900 像素，并在单元格中输入【爱听音乐区】文本，将【字体】设置为【微软雅黑】，将【大小】设置为 24px，将字体颜色设置为 #F2F0E0，如图 6-185 所示。

图6-185　创建表格并输入文本

[33] 将光标插入到文本的后面，在菜单栏中选择【插入】|【HTML】|【水平线】命令，这样就可以插入水平线。单击【实时视图】按钮，预览效果如图 6-186 所示。

图6-186　插入水平线效果

[34] 在文档的空白处单击，插入一个 1 行 4 列的表格，设置【表格宽度】为 900 像素。选择创建的四个单元格，在【属性】面板中将【水平】设置为【居中对齐】，将【宽】设置为 225，并在每个表格中插入相应的素材文件，如图 6-187 所示。

图6-187　创建表格并插入素材文件

[35] 将光标插入到文档的最下端，按 Ctrl+Alt+T 组合键，插入一个 2 行 4 列的表格，将【表格宽度】设置为 900 像素。选择新插入的所有单元格，在【属性】面板中将【水平】设置为【居中对齐】，将【宽】设置为 225，如图 6-188 所示。

图6-188　创建表格

[36] 在第 1 行单元格中输入相应的文本，将【字体】设置为【微软雅黑】，将【大小】设置为 18px，将字体颜色设置为 #F0F，完整后的效果如图 6-189 所示。

图6-189　输入文本

[37] 在第 2 行配合空格键输入文本，将【字体】设置为【微软雅黑】，将【大小】设置为 12px，将字体颜色设置为 #FFF。为了便于观察，先将表格的背景设置为黑色，效果如图 6-190 所示。

图6-190 输入文本

<mark>38</mark> 将光标置于文档的最底层，插入一个1行1列的表格，【表格宽度】设置为900像素。选择插入的单元格，在【属性】面板中将【水平】设置为【居中对齐】，将【高】设置为20，如图6-191所示。

图6-191 创建表格

<mark>39</mark> 将光标插入到表格中，按Shift+Enter组合键将光标向下移动一个字符，然后输入文本，将【字体】设置为【微软雅黑】，将【大小】设置为14px，将字体颜色设置为#999，如图6-192所示。

图6-192 输入文本

> **提 示**
>
> 在此将【最新歌曲 最先试听】等单元格的黑色背景删除，用户可以在选中该单元格后，在【属性】面板中选择【背景颜色】右侧的颜色值，按Delete键将其删除，按Enter键确认。

<mark>40</mark> 在【属性】面板中单击【页面属性】按钮，在弹出的【页面属性】对话框中，选择【分类】列表框中的【外观(CSS)】选项，将【背景颜色】设置为#0C102B，单击【确定】按钮，完成后的效果如图6-193所示。

图6-193 最终效果

6.4 思考与练习

1. 简述使用【弹出信息】行为的一般操作。

2. 简述使用【设置文本域文字】行为的一般操作。

第 7 章 商业经济类网页设计——使用表单创建交互网页

很多用户可能都有自己的电子信箱(即E-mail)。如果想通过E-mail和别人进行联系，就要登录Web网页，在网页中输入自己的账号和密码，进入到邮箱中。其实在提交账号和密码时，使用的就是表单。

基础知识
- 插入文本域
- 多行文本域

重点知识
- 单选按钮
- 列表/菜单

提高知识
- 插入按钮
- 图像按钮

表单主要用于实现浏览网页者与Internet服务器之间进行信息交互，比如在有些网站中提交留言，可以让访问网页者与网站制作者之间进行沟通。

第 7 章 商业经济类网页设计——使用表单创建交互网页

7.1 制作宏达物流网页——表单对象的创建

物流是指为了满足客户的需求，以最低的成本，通过运输、保管、配送等方式，实现原材料、半成品、成品或相关信息进行由商品的产地到商品的消费地的计划、实施和管理的全过程。本例将介绍如何制作宏达物流网页，效果如图 7-1 所示。

图 7-1 宏达物流网页设计

素材	素材\Cha07\"宏达物流"文件夹
场景	场景\Cha07\宏达物流网页——表单对象的创建.html
视频	视频教学 \Cha07 \7.1 制作宏达物流网页——表单对象的创建.mp4

01 启动 Dreamweaver CC 软件后，在打开的界面中选择 HTML 选项，在【属性】面板中单击【页面属性】按钮，在弹出的【页面属性】对话框中选择【外观（HTML）】选项，将【左边距】、【上边距】均设置为 0，如图 7-2 所示。

图 7-2 【页面属性】对话框

02 按 Ctrl+Alt+T 组合键，打开 Table 对话框，将【行数】、【列】均设置为 3，将【表格宽度】设置为 900 像素，将【边框粗细】、【单元格边距】、【单元格间距】均设置为 0，如图 7-3 所示。

图 7-3 Table 对话框

03 选择插入的表格，在【属性】面板中将 Align 设置为【居中对齐】。选择所有的单元格，在【属性】面板中将【背景颜色】设置为 #373c64，完成后的效果如图 7-4 所示。

图 7-4 设置表格的背景颜色

04 将第 1 列单元格的【宽】设置为 250，将第 2 列单元格的【宽】设置为 630，将第 3 列单元格的【宽】设置为 20，将第 1 行、第 2 行单元格的【高】设置为 40，将第 3 行单元格的【高】设置为 45。选择第 1 列的第 2 行和第 3 行单元格，按 Ctrl+Alt+M 组合键进行合并，完成后的效果如图 7-5 所示。

233

图7-5 设置单元格

05 将光标插入合并后的单元格内，按Ctrl+Alt+I 组合键，弹出【选择图像源文件】对话框，选择"宏达物流\素材 1.png"素材文件，如图7-6所示。

图7-6 选择素材文件

06 单击【确定】按钮，即可将图片插入到合并单元格内，完成后的效果如图7-7所示。

图7-7 插入图片后的效果

07 将光标插入到第1行第2列单元格内，将【水平】设置为【右对齐】，将【垂直】设置为【居中】，在单元格内输入文本。单击鼠标右键，在弹出的快捷菜单中选择【CSS样式】|【新建】命令，在弹出的【新建CSS规则】对话框中将【选择器名称】设置为a1，如图7-8所示。

08 单击【确定】按钮，在弹出的CSS规则定义对话框中将 Font-size 设置为13px，将 Color 设置为 #FFF，如图7-9所示。

图7-8 【新建CSS规则】对话框

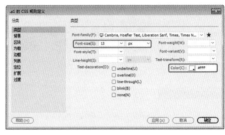

图7-9 设置规则

09 单击【确定】按钮，选择刚刚输入的文本，在【属性】面板中将【目标规则】设置为 .a1，完成后的效果如图7-10所示。

图7-10 为文本设置目标规则后的效果

10 在第2行第2列单元格内输入文本，单击鼠标右键，在弹出的快捷菜单中选择【CSS样式】|【新建】命令，在弹出的【新建CSS规则】对话框中将【选择器名称】设置为a2，单击【确定】按钮。在弹出的CSS规则定义对话框中将 Font-size 设置为12px，将 Color 设置为 #faaf19，如图7-11所示。

图7-11 设置规则

11 单击【确定】按钮，选择刚刚输入的文本，在【属性】面板中将【目标规则】设置为 .a2，将【水平】设置为【右对齐】，完成后的效果如图 7-12 所示。

图 7-12　设置完成后的效果

知识链接：CSS类型样式

【类型】选项中的具体参数如下。

- Font-family：用户可以在下拉菜单中选择需要的字体。
- Font-size：用于调整文本的大小。用户可以在列表中选择字号，也可以直接输入数字，然后在后面的列表中选择单位。
- Font-style：提供了 normal（正常）、Italic（斜体）、oblique（偏斜体）和 inherit（继承）4 种字体样式，默认为 normal。
- Line-height：设置文本所在行的高度。该设置传统上称为【前导】。选择【正常】选项将自动计算字体的行高，也可以输入一个确切的值并选择一种度量单位。
- Text-decoration：向文本中添加下划线、上划线、删除线，或使文本闪烁。正常文本的默认设置是【无】，链接的默认设置是【下划线】。将链接设置为【无】时，可以通过定义一个特殊的类删除链接中的下划线。
- Font-weight：对字体应用特定或相对的粗细量。【正常】等于 400，【粗体】等于 700。
- Font-variant：设置文本的小型大写字母变体。Dreamweaver 不在文档窗口中显示该属性。
- Text-transform：将选定内容中的每个单词的首字母大写或将文本设置为全部大写或小写。
- Color：设置文本颜色。

12 将光标插入第 3 行第 2 列单元格中，将【水平】设置为【居中对齐】，将【垂直】设置为【居中】。按 Ctrl+Alt+T 组合键，打开 Table 对话框，将【行数】设置为 1，将【列】设置为 7，将【表格宽度】设置为 630 像素，如图 7-13 所示。

13 选择插入表格的所有单元格，将【宽】、【高】分别设置为 90、30，将【水平】设置为【居中对齐】，将【垂直】设置为【居中】，然后在单元格内输入文本。新建一个【选择器名称】为 a3 的 CSS 样式，将 Font-size 设置为 18px，将 Color 设置为 #faaf19，如图 7-14 所示。

图 7-13　Table 对话框

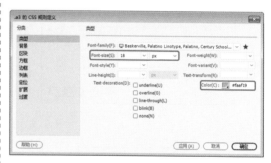

图 7-14　设置规则

14 选择除【首页】文本外的其余文本，将【目标规则】设置为 .a3。选择【首页】文本，在【属性】面板中将【大小】设置为 18px，将【字体颜色】设置为 #FFF，完成后的效果如图 7-15 所示。

图 7-15　设置完成后的效果

15 将光标插入到大表格的右侧，按 Ctrl+Alt+T 组合键，打开 Table 对话框，将【行数】、【列】均设置为 2，将【表格宽度】设置为 900 像素，其他保持默认设置，如图 7-16 所示。

16 单击【确定】按钮，即可插入表格。选择插入的表格，在【属性】面板中将 Align 设置为【居中对齐】，将第 1 行单元格的【高】设置为 10。选择第 2 行第 1 列单元格，将【宽】设置为 320。将光标插入该单元格内，将

【水平】设置为【居中对齐】，将【垂直】设置为【顶端】。按 Ctrl+Alt+T 组合键，在弹出的 Table 对话框中将【行数】设置为 13，将【列】设置为 1，将【表格宽度】设置为 300 像素，将【单元格间距】设置为 5，其他保持默认设置，完成后的效果如图 7-17 所示。

> 提示
> Align 的中文意思是对齐。

图 7-16 Table 对话框

图 7-18 【选择文件】对话框

18 单击【确定】按钮，然后单击【设计】按钮，切换视图。使用同样的方法为第 9 行单元格设置同样背景，完成后的效果如图 7-19 所示。

图 7-19 设置背景后的效果

19 在设置背景的单元格中输入文本，新建选择器名称为 .a4 的 CSS 样式，将 Font-size 设置为 20px，将 Color 设置为 #FFF，然后为输入的文本应用该样式，完成后的效果如图 7-20 所示。

图 7-17 插入表格后的效果

17 选择第 1 行、第 8 行、第 9 行单元格，将其单元格的【高】设置为 45；选择第 2~7 行单元格，将其单元格的【高】设置为 30；选择第 10~13 行单元格，将其【高】设置为 35。将光标插入第 1 行单元格内，切换视图，单击【拆分】按钮，在命令行【<td height="45">】中的 td 后按空格键，在弹出的下拉列表中双击 background，然后单击【浏览】按钮，弹出【选择文件】对话框，选择"素材 2.png"素材文件，如图 7-18 所示。

20 选择第 2~8 行单元格，将【水平】、【垂直】设置为【居中对齐】、【居中】。将光标插入第 2 行单元格内，选择【插入】|【表单】|【文本】命令。在单元格中将文本删除，然后在【属性】面板中将 Size 设置为 35，将 Value 设置为【用户名 / 手机 /E-mail】，效果如图 7-21 所示。

21 使用同样的方法插入其他【文本】表单，效果如图 7-22 所示。

第 7 章 商业经济类网页设计——使用表单创建交互网页

图7-20 为输入的文本应用样式

图7-21 插入文本表单

图7-22 完成后的效果

22 将光标插入到第 4 行单元格中，选择【插入】|【表单】|【复选框】命令，将文本更改为【记住用户名】。继续插入复选框，输入【忘记密码】文本，效果如图 7-23 所示。

23 使用同样的方法插入其他表单，完成后的效果如图 7-24 所示。

24 将光标插入到第 10 行单元格中，选择【插入】|HTML|【鼠标经过图像】命令，弹

出【插入鼠标经过图像】对话框，单击【原始图像】文本框右侧的【浏览】按钮，弹出【原始图像】对话框，选择"宏达物流\素材 6.jpg"素材文件，如图 7-25 所示。

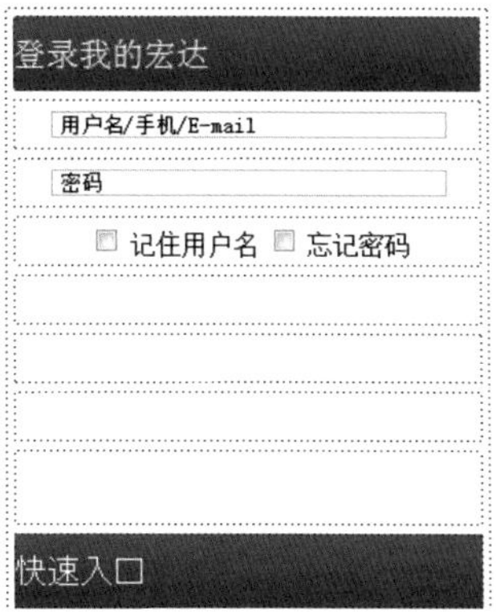

图7-23 插入表单并输入文字

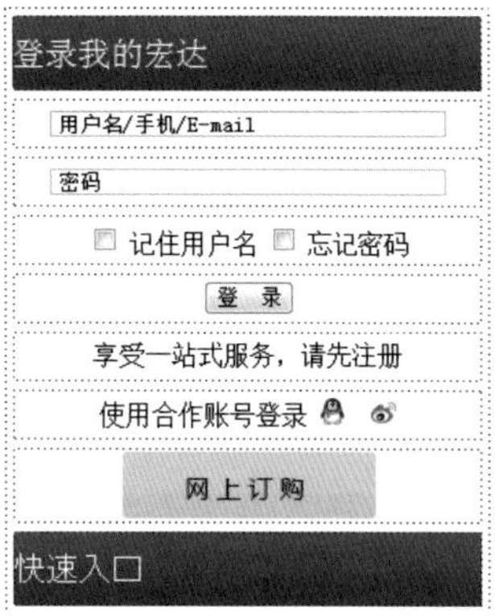

图7-24 插入剩余的表单

图7-25 【原始图像】对话框

25 单击【确定】按钮，返回到【插入鼠标经过图像】对话框，单击【鼠标经过图像】

文本框右侧的【浏览】按钮，在弹出的【原始图像】对话框中选择"宏达物流\素材7.jpg"素材文件，单击【确定】按钮。返回到【插入鼠标经过图像】对话框中，如图7-26所示。

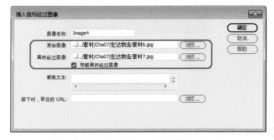

图7-26 【插入鼠标经过图像】对话框

26 使用同样的方法插入剩余的鼠标经过图像，完成后的效果如图7-27所示。

图7-27 插入鼠标经过图像

27 将光标插入到大表格的右侧单元格中，将【水平】设置为【居中对齐】，将【垂直】设置为【顶端】。按Ctrl+Alt+T组合键，打开Table对话框，将【行数】、【列】分别设置为3、1，将【单元格宽度】设置为580像素，将【单元格间距】设置为0，其他保持默认设置，如图7-28所示。

图7-28 Table对话框

28 单击【确定】按钮，即可插入表格，

将表格的第1行单元格的【宽】、【高】设置为580、200。选择【插入】|HTML|Flash SWF命令，弹出【选择SWF】对话框，选择"宏达物流\素材14.swf"素材文件，如图7-29所示。

图7-29 【选择SWF】对话框

29 单击【确定】按钮，弹出【对象标签辅助功能属性】对话框，直接单击【确定】按钮，即可插入SWF对象，完成后的效果如图7-30所示。

图7-30 插入SWF对象

30 选择第3行单元格，将【宽】、【高】设置为580、168，将【水平】设置为【居中对齐】，将【垂直】设置为【居中】。按Ctrl+Alt+I组合键，打开【选择图像源文件】对话框，选择"宏达物流\素材15.jpg"素材文件，单击【确定】按钮，然后调整图片的大小，单击【宽】、【高】右侧的【切换尺寸约束】按钮，将【宽】设置为580，完成后的效果如图7-31所示。

31 选择第2行单元格，将【水平】设置为【居中对齐】，将【垂直】设置为【居中】。按Ctrl+Alt+T组合键，将【行数】、【列】设置为1、3，将【表格宽度】分别设置为580像素，将【单元格间距】设置为5，其他设置保持默认设置，完成后的效果如图 7-32 所示。

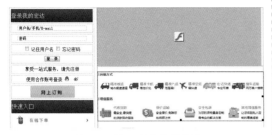

图 7-31　插入图片后的效果

图 7-32　Table 对话框

32 单击【确定】按钮，即可插入表格。将光标插入到第 1 列单元格中，插入 4 行 1 列、【表格宽度】为 186 像素、【单元格间距】为 0 的表格。选择刚刚插入表格的所有单元格，将【背景颜色】设置为 #EDEDED，完成后的效果如图 7-33 所示。

图 7-33　设置表格

33 选择 4 行单元格，将【宽】、【高】分别设置为 186、38。使用同样的方法为剩余的单元格插入相同的表格，并对单元格进行相应的设置，完成后的效果如图 7-34 所示。

34 将光标插入到大表格的右侧，按 Ctrl+Alt+T 组合键，打开 Table 对话框，将【行

数】、【列】分别设置为 2、1，将【表格宽度】设置为 900 像素。选择插入的表格，将 Align 设置为【居中对齐】，将表格的【高】设置为 35，为表格设置填充背景颜色和在表格内输入文本，完成后的效果如图 7-35 所示。

图 7-34　设置完成后的效果

图 7-35　设置完成后的效果

7.1.1　创建表单域

每一个表单中都包括表单域和若干个表单元素，而所有的表单元素都要放在表单域中才会生效，因此，制作表单时要先插入表单域。

向文档中添加表单域的具体操作步骤如下。

01 运行 Dreamweaver CC 软件，打开"创建表单域素材 .html"文件，如图 7-36 所示。

图 7-36　打开素材文件

02 将光标插入到最大的空白单元格中，然后在菜单栏中选择【插入】|【表单】|【表单】命令，如图 7-37 所示。

图7-37 选择【表单】命令

03 选择该命令后，在文档窗口会出现一条红色的虚线，即可插入表单，如图7-38所示。

图7-38 插入的表单

选中表单，其【属性】面板如图7-39所示，可以进行以下设置。

图7-39 【属性】面板

- ID：可输入表单名称。
- Class：可以将CSS规则应用于对象。
- Action：设置处理该表单的动态页或脚本路径。
- Title：指定一个窗口，并在此窗口显示应用程序或脚本程序。
- Method：选择表单数据传输到服务器的方法，在该下拉列表中包含3个选项。
    - 默认：用浏览器的默认设置将表单数据发送到服务器。通常的默认方法为GET。
    - GET：将表单内的数据附加到URL，传送给服务器。
    - POST：使用标准输入方式将表单内的数据传送给服务器。
- Enctype：指定提交给服务器处理数据使用的编码类型。
- Target：规定在何处打开action URL。
    - _blank：在新窗口中打开。
    - _self：在相同的框架中打开。
    - _parent：在父框架集中打开。
    - _top：在整个窗口中打开。
    - Framename：在指定的框架中打开。
- Accept-charset：规定服务器可处理的表单数据字符集。
    - UTF-8：字符编码
    - ISO-5589-1：拉丁字母表的字符编码
- No Validate：如果不想验证表单，请选择此选项。
- Auto Complete：选择此选项后，用户在浏览器中输入信息的时候将自动填充值。

7.1.2 插入文本域

根据类型属性的不同，文本域可分为3种：单行文本域、多行文本域和密码域。文本域是最常见的表单对象之一，用户可在文本域中输入相应的文本，以及字母、数字等内容。具体操作步骤如下。

01 运行 Dreamweaver CC 软件，打开"插入文本域素材.html"文件，如图 7-40 所示。

图7-40 打开素材文件

02 将光标插入到第 1 行第 1 列单元格中，并输入【用户名：】文本，然后调整单元格的宽度，图 7-41 所示。

图7-41 输入相应的文本

03 将光标插入到第 1 行第 2 列单元格中，在菜单栏中选择【插入】|【表单】|【文本】命令，如图 7-42 所示。

图7-42 选择【文本】命令

04 这时可以看到插入的文本域。选中插入的文本域，在【属性】面板中将【size】设置为 22，如图 7-43 所示。

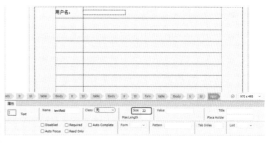

图7-43 设置文本域属性

05 使用相同方法，在其他单元格中输入相应的文本并插入文本域，效果如图 7-44 所示。

图7-44 输入文本并插入文本域

在文本域的【属性】面板中，可以进行以下设置。

- Name：可输入文本域的名称。
- Class：可以将 CSS 规则应用于对象。
- Size：设置域中一次最多可显示的字符数。其可以小于最大字符数。
- Value：指定在首次载入表单时文本域中显示的值。
- Title：元素的说明（显示为浏览器中的工具提示）。
- Max Length：设置或返回文本域中的最大字符数。
- Place Holder：用于设置输入字段预期值的提示信息。
- Form：规定输入字段所属的一个或多个表单。
- Pattern：规定输入字段的值的模式或格式。

- Tab Index：指定元素的跳位顺序。
- List：与此元素关联的数据列表标签的 ID。
- Disabled：浏览器禁用元素。
- Required：浏览器检查是否已指定值。
- Auto complete：选择此选项后，用户在浏览器中输入信息的时候将自动填充值。
- Auto Focus：元素在浏览器加载页面的时候获得焦点。
- Read Only：将元素的值设置为只读。

7.1.3 多行文本域

插入多行文本域的方法与插入文本域的方法类似，只不过多行文本域允许输入更多的文本。插入多行文本域的具体操作步骤如下。

01 运行 Dreamweaver CC 软件，打开"多行文本域 .html"文件，如图 7-45 所示。

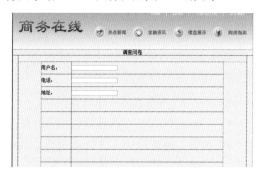

图7-45　打开素材文件

02 将光标插入到第 6 行第 1 列单元格中，然后输入【个人简介】文本，如图 7-46 所示。

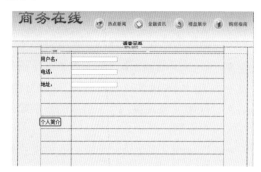

图7-46　输入文本

03 将光标插入到第 6 行第 2 列单元格中，在菜单栏中选择【插入】|【表单】|【文本区域】命令，如图 7-47 所示。

图7-47　选择【文本区域】命令

04 即可插入文本区域，如图 7-48 所示。

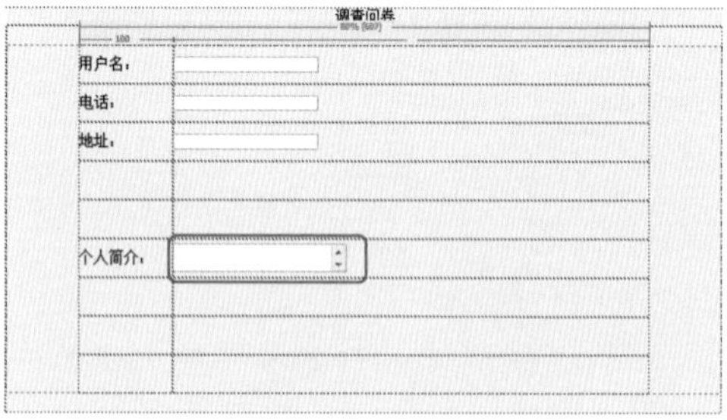

图7-48　插入【文本区域】

05 选中插入的文本域，在【属性】面板中将 Cols 设置为 60，将 Rows 设置为 5，如图 7-49 所示。

图7-49　设置【属性】面板

06 设置完成后的效果如图 7-50 所示。

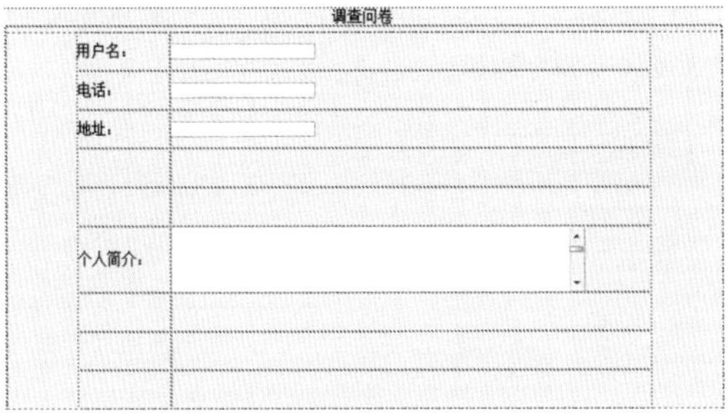

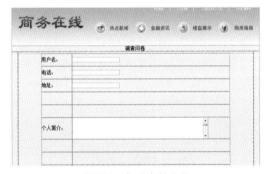

图7-50　设置完成后的效果

> **提　示**
>
> 在【表单】插入面板中单击【文本区域】按钮，也可插入多行文本域。插入文本域后，在【属性】面板中将【类型】设置为【多行】类型，即可转换为多行文本域。

7.1.4　复选框

使用表单时经常会有多个选项，用户可以选择任意多个适用的选项，下面我们详细介绍操作步骤。

01 运行 Dreamweaver CC 软件，打开"复选框素材 .html"文件，如图 7-51 所示。

图7-51　打开素材文件

02 将光标插入到第 5 行第 1 列单元格中，输入相应的文本，如图 7-52 所示。

图7-52　输入相应文本

03 将光标插入到第 5 行第 2 列单元格中，在菜单栏中选择【插入】|【表单】|【复选框】命令，如图 7-53 所示。

图7-53　选择【复选框】命令

04 插入复选框，将多余文本删除即可，如图 7-54 所示。

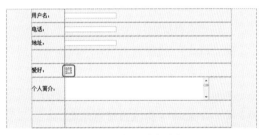

图7-54　插入的复选框

05 将光标插入复选框的右侧，在【属性】面板中将【水平】设置为【左对齐】，如图 7-55 所示。

图7-55　设置复选框的对齐方式

243

06 根据前面介绍的方法，继续插入复选框，设置完成后的效果，如图7-56所示。

图7-56 设置完成后的效果

在【属性】面板中，可对 Checkbox 进行以下设置。

- Name：可设置一个复选框的名称。
- Class：可以将 CSS 规则应用于对象。
- Checked：设置在浏览器中载入表单时该复选框是否被选中。
- Value：指定在首次载入表单时文本域中显示的值。
- Title：元素的说明（显示为浏览器中的工具提示）。
- Form：规定输入字段所属的一个或多个表单。
- Tab Index：指定元素的跳位顺序。
- Disabled：浏览器禁用元素。
- Required：浏览器检查是否已指定值。
- Auto Focus：元素在浏览器加载页面的时候获得焦点。

7.1.5 单选按钮

通常单选按钮是成组使用的，在同一组中的单选按钮必须具有相同的名称。下面我们将介绍插入单选按钮的具体操作步骤。

01 运行 Dreamweaver CC 软件，打开"单选按钮素材.html"文件，如图7-57所示。

图7-57 打开素材文件

02 将光标插入到第4行第1列单元格中，输入相应的【性别】文本，如图7-58所示。

图7-58 输入相应文本

03 将光标插入第4行第2列单元格中，在菜单栏中选择【插入】|【表单】|【单选按钮】命令，如图7-59所示。

图7-59 选择【单选按钮】命令

04 即可插入单选按钮，删除多余文本，如图7-60所示。

图7-60 插入的单选按钮

05 将光标插入到单选按钮的右侧，在【属性】面板中将【水平】设置为【左对齐】，如图7-61所示。

图7-61 设置单选按钮的对齐方式

06 选中单选按钮，在【属性】面板的Value文本框中输入相应【男】文本，勾选Checked复选框，并在单选按钮的右侧输入相应的【男】文本，如图7-62所示。

图7-62 设置【属性】面板

07 使用相同方法，插入单选按钮，输入相应的【女】文本，如图7-63所示。

图7-63 插入单选按钮并输入文本

在【属性】面板中，可对 Radio Button 进行以下设置。

- Name：可设置一个单选按钮的名称。
- Class：可以将 CSS 规则应用于对象。
- Checked：设置在浏览器中载入表单时该单选按钮是否被选中。
- Value：指定在首次载入表单时文本域中显示的值。
- Title：元素的说明（显示为浏览器中的工具提示）。
- Form：规定输入字段所属的一个或多个表单。
- Tab Index：指定元素的跳位顺序。
- Disabled：浏览器禁用元素。
- Required：浏览器检查是否已指定值。
- Auto Focus：元素在浏览器加载页面的时候获得焦点。

7.1.6 列表/菜单

表单中有两种类型的菜单：一种菜单是用户单击时下拉的菜单，称为下拉菜单；另一种菜单则显示为一个列有项目的可滚动列表，用户可从该列表中选择项目，这被称为滚动列表。插入【列表/菜单】的具体操作步骤如下。

01 运行 Dreamweaver CC 软件，打开"列表和菜单素材 .html"文件，如图7-64所示。

图7-64 打开素材文件

02 将光标插入到第7行的第1列单元格中，输入相应的文字【学历：】，如图7-65所示。

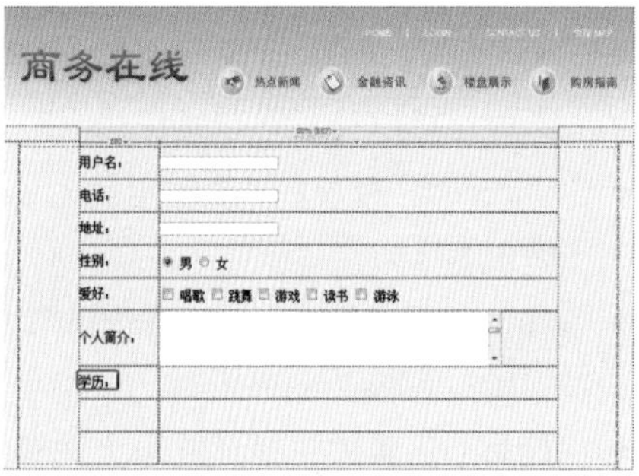

图7-65 输入相应文本

03 将光标插入到第7行第2列单元格中，在菜单栏中选择【插入】|【表单】|【选择】命令，如图7-66所示。

图7-66 选择【选择】命令

04 即可插入列表/菜单。删除多余文本，如图7-67所示。

05 选中插入的列表/菜单，在【属性】面板中单击【列表值】按钮，系统将自动弹出【列表值】对话框，如图7-68所示。

图7-67 插入的列表/菜单

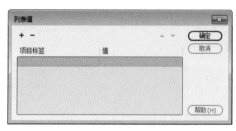

图7-68 【列表值】对话框

06 单击该对话框中的+按钮，根据需要添加项目标签，如图7-69所示。

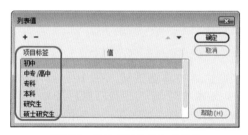

图7-69 设置【列表值】对话框

07 单击【确定】按钮，即可查看列表/菜单，如图7-70所示。

图7-70 查看列表/菜单

08 设置完成后将文档保存，按 F12 键可以在网页中进行预览，如图 7-71 所示。

图7-71 预览文档效果

在【属性】面板中，可对 Select 进行以下设置。

- Name：可设置一个列表／菜单的名称。
- Class：可以将 CSS 规则应用于对象。
- Size：用于设置菜单中的显示项数。
- Title：元素的说明（显示为浏览器中的工具提示）。
- Disabled：浏览器禁用元素。
- Required：浏览器检查是否已指定值。
- Auto Focus：元素在浏览器加载页面的时候获得焦点。
- Multiple：选定此选项，允许在列表中选择多个选项。
- Form：规定输入字段所属的一个或多个表单。
- Selected：指定最初选定的项目。
- Tab Index：指定元素的跳位顺序。

7.2 制作优选易购网页——使用按钮激活表单

本例将介绍如何制作优选易购网页，首先制作网页顶部，将导航栏设计成鼠标经过图像效果，然后在插入表格的单元格内输入文字和插入图片，完成后的效果如图 7-72 所示。

图7-72 优选易购网

素材	素材\Cha07\"优选易购"文件夹
场景	场景\Cha07\优选易购网页——使用按钮激活表单.html
视频	视频教学 \ Cha07 \7.2 制作优选易购网页——使用按钮激活表单.mp4

01 启动 Dreamweaver CC 软件后，在打开的界面中选择 HTML 选项，单击【属性】面板中的【页面属性】按钮，在弹出的【页面属性】对话框中选择【外观（HTML）】选项，将【上边距】、【左边距】、【边距高度】均设置为 0，如图 7-73 所示。

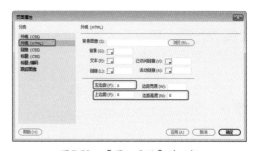

图7-73 【页面属性】对话框

02 按 Ctrl+Alt+T 组 合 键，打 开 Table 对 话 框，将【行数】、【列】均 设 置 为 2，将【表格宽度】设置为 900 像素，如图 7-74 所示。

图7-74 Table对话框

图7-75 【新建CSS规则】对话框

03 单击【确定】按钮，将【属性】面板中将 Align 设置为【居中对齐】，在第 1 行单元格中输入文本，单击鼠标右键，在弹出的快捷菜单中选择【CSS 样式】|【新建】命令，弹出【新建 CSS 规则】对话框，将【选择器名称】设置为 .a1，如图 7-75 所示。

04 单击【确定】按钮，在打开的对话框中将 Font-size 设置为 13px，将 Color 设置为 #666666，其他保持默认设置，如 7-76 所示。

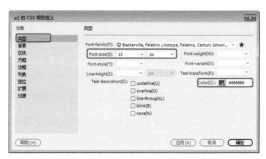

图7-76 设置规则

05 单击【确定】按钮，然后选择输入的文字，在【属性】面板中将【目标规则】设置为 .a1，将第 1 行第 2 列单元格【水平】设置为【右对齐】，如图 7-77 所示。

图7-77 设置属性

06 将光标插入到【免费注册】右侧，在菜单栏中选择【插入】|【表单】|【图像按钮】命令，如图 7-78 所示。

07 执行完该命令后，系统将自动弹出【选择图像源文件】对话框，选择相应的图像文件，如图 7-79 所示。

08 单击图像按钮，打开【行为】面板，单击【添加行为】按钮，在弹出的下拉菜单中选择【转到 URL】命令，弹出【转到 URL】对话框，如图 7-80 所示。单击【浏览】按钮，弹出【选择文件】对话框进行选择文件。

第 7 章 商业经济类网页设计——使用表单创建交互网页

图7-78 选择【图像按钮】命令

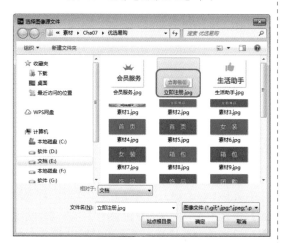

图7-79 【选择图像源文件】对话框

图7-80 设置URL

09 将第2行单元格进行合并,按Ctrl+Alt+I组合键,打开【选择图像源文件】对话框,选择"优选易购\素材1.jpg"素材文件,如图7-81所示。

10 单击【确定】按钮,即可导入图片。将第1行左侧单元格的【宽】设置为500,将右侧单元格的【宽】设置为400,完成后的效果如图7-82所示。

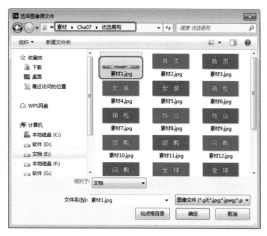

图7-81 选择素材图片

图7-82 插入图片后的效果

11 按Ctrl+Alt+T组合键,打开Table对话框,将【行数】设置为2,将【列】设置为8,将【表格宽度】设置为900像素,其他保持默认设置,如图7-83所示。

图7-83 Table对话框

12 单击【确定】按钮,选择插入的表格,在【属性】面板中将Align设置为【居中对齐】,将第1列单元格的【宽】设置为200,其他单元格的【宽】设置为100。将第1行单元格合并,将其【高】设置为10。选中该单元格,单击【拆分】按钮,切换视图,将选中代码中的 删除,如图7-84所示。

249

```
25        </tbody>
26      </table>
27    ▼ <table width="900" border="0" align="center" cellpadding="0" cellspacing="0">
28      ▼ <tbody>
29      ▼   <tr>
30            <td height="10" colspan="8"> </td>
31          </tr>
32      ▼   <tr>
33            <td width="200"> </td>
34            <td width="100"> </td>
35            <td width="100"> </td>
36            <td width="100"> </td>
37            <td width="100"> </td>
```

图7-84　删除代码

13 单击【设计】按钮，切换视图，将光标插入到第2行第1列单元格内，按Ctrl+Alt+I组合键，打开【选择图像源文件】对话框，选择"优选易购\素材2.jpg"素材文件，如图7-85所示。

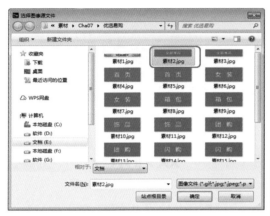

图7-85　选择素材文件

14 使用同样的方法插入其他图片，完成后的效果如图7-86所示。

图7-86　插入图片

15 选择【全部商品】图片，在【属性】面板中将ID设置为T1。打开【行为】面板，单击【添加行为】按钮，在弹出的下拉菜单中选择【交换图像】命令，弹出【交换图像】对话框，单击【浏览】按钮，如图7-87所示。

图7-87　【交换图像】对话框

16 弹出【选择图像源文件】对话框，选择"优选易购\素材3.jpg"素材文件，如图7-88所示。

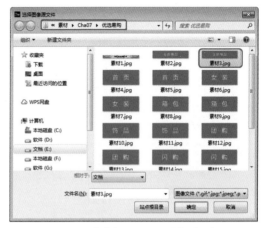

图7-88　【选择图像源文件】对话框

17 单击【确定】按钮，返回到【交换图像】对话框，单击【确定】按钮，如图7-89所示。

图7-89　【交换图像】对话框

18 将光标插入到表格的右侧，按Ctrl+Alt+T组合键，打开Table对话框，将【行数】设置为1，将【列】设置为2，将【表格宽度】设置为900像素，其他保持默认设置，如图7-90所示。

图7-90　Table对话框

19 单击【确定】按钮，在【属性】面板中将 Align 设置为【居中对齐】。将光标插入到第 1 列单元格中，将【宽】设置为 200，单击鼠标右键，在弹出的快捷菜单中选择【CSS 样式】|【新建】命令，弹出【新建 CSS 规则】对话框，将【选择器名称】设置为 biaoge，如图 7-91 所示。

图 7-91　【新建CSS规则】对话框

20 单击【确定】按钮，在弹出的 CSS 规则定义对话框中选择【边框】选项，将 Top 设置为 solid，将 Width 设置为 thin，将 Color 设置为 #E43A3D，如图 7-92 所示。

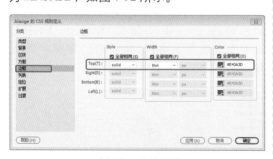

图 7-92　设置规则

21 单击【确定】按钮，将光标插入到第 1 列单元格中，在【属性】面板中将【目标规则】设置为 .biaoge。按 Ctrl+Alt+T 组合键，打开 Table 对话框，将【行数】、【列】分别设置为 14、1，将【表格宽度】设置为 200 像素，如图 7-93 所示。

22 单击【确定】按钮，即可插入表格。选中插入表格的所有单元格，将【高】设置为 25，在单元格内输入文本，将【大小】设置为 15px，完成后的效果如图 7-94 所示。

图 7-93　Table对话框

图 7-94　在单元格内输入文字后的效果

知识链接：选择单元格方法

在 Dreamweaver CC 中，可以使用以下方法选择单个单元格。

- 单击单元格，然后在文档窗口左下角的标签选择器中选择 <td> 标签。
- 按住 Ctrl 键单击单元格。
- 单击单元格，然后在菜单栏中选择【编辑】|【全选】命令。选择了一个单元格后，再次选择【编辑】|【全选】命令，可以选择整个表格。

23 将光标插入到 2 列单元格内，在菜单栏中选择【插入】|HTML|Flash SWF 命令，弹出【选择 SWF】对话框，选择"优选易购\Flash1.swf"文件，如图 7-95 所示。

图 7-95　选择素材文件

24 单击【确定】按钮，再在弹出的【对象标签辅助功能属性】对话框中保持默认设置，单击【确定】按钮，如图7-96所示。

图7-96 【对象标签辅助功能属性】对话框

25 单击【确定】按钮，即可插入 SWF 媒体。将光标插入到表格的右侧，按 Ctrl+Alt+T 组合键，打开 Table 对话框，将【行数】设置为1，将【列】设置为3，将【表格宽度】设置为900像素，其他保持默认设置，如图7-97所示。

图7-97 Table 对话框

26 单击【确定】按钮，即可插入表格。选择插入的表格，在【属性】面板中将 Align 设置为【居中对齐】，将单元格的【宽】都设置为300。将光标插入到第1列单元格中，在该单元格内插入2行2列表格，将【表格宽度】设置为300像素，将插入表格的第1列单元格的【宽】设置为80，将第1行、第2行单元格的【高】分别设置为30、35，将第1列单元格合并，完成后的效果如图7-98所示。

27 将光标移至合并后的单元格内，按 Ctrl+Alt+I 组合键，打开【选择图像源文件】对话框，选择"优选易购\特色购物.jpg"素材文件，如图7-99所示。

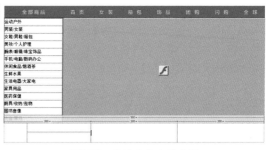

图7-98 设置完成后的效果

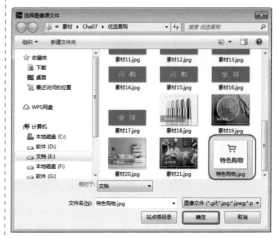

图7-99 选择素材图片

28 单击【确定】按钮，然后在第2列单元格中输入文本。选择输入的文本，在【属性】面板中将【大小】设置为15px，将【水平】设置为【居中对齐】，完成后的效果图7-100所示。

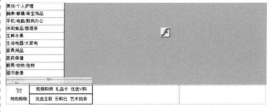

图7-100 输入文本并进行设置

29 在其他单元格内插入表格并进行相应的设置，完成后的效果如图7-101所示。

30 将光标插入到表格的右侧，按 Ctrl+Alt+T 组合键，打开 Table 对话框，将【行数】设置为1，将【列】设置为4，将【表格宽度】设置为900像素，如图7-102所示。

第 7 章　商业经济类网页设计——使用表单创建交互网页

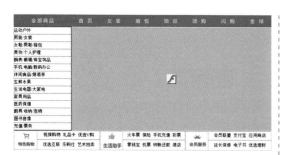

图7-101　设置剩余的单元格

图7-102　Table对话框

31 单击【确定】按钮，选择插入的表格，在【属性】面板中将 Align 设置为【居中对齐】，使用前面介绍的方法向表格内插入图片，将【水平】设置为【居中对齐】，单击【实时视图】按钮观看效果，如图 7-103 所示。

图7-103　插入图片后的效果

32 按 Ctrl+Alt+T 组合键，打开 Table 对话框，将【行数】、【列】均设置为 1，将【表格宽度】设置为 900 像素，单击【确定】按钮。确定插入的表格处于选择状态，将 Align 设置为【居中对齐】。将光标插入到单元格内，将【高】设置为 10，在菜单栏中选择【插入】|HTML|【水平线】命令，如图 7-104 所示。

图7-104　选择【水平线】命令

33 将光标插入到水平线的右侧，按 Ctrl+Alt+T 组合键，打开 Table 对话框，将【行数】设置为 2，将【列】设置为 7，将【表格宽度】设置为 900 像素，其他保持默认设置，如图 7-105 所示。

图7-105　Table对话框

34 单击【确定】按钮，选择插入的表格，在【属性】面板中将 Align 设置为【居中对齐】，将单元格的【背景颜色】设置为 #e7e6e5，将【水平】设置为【居中对齐】。将第 1 行单元格的【高】设置为 25，然后在第 1

253

行、第2行单元格中输入文本，将文字颜色设置为#666666，将第2行的文字应用 .a1，将第2行后两列【水平】设置为【左对齐】，完成后的效果如图 7-106 所示。

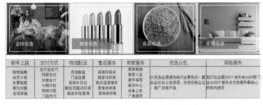

图7-106　输入文本后的效果

35 将光标插入到表格的右侧，按 Ctrl+Alt+T 组合键，打开 Table 对话框，在该对话框中将【行数】设置为2，将【列】设置为1，将【表格宽度】设置为 900 像素，其他保持默认设置，如图 7-107 所示。

图7-107　Table对话框

36 单击【确定】按钮，确定插入的表格处于选择状态，在【属性】面板中将 Align 设置为【居中对齐】，选择单元格，将【水平】设置为【居中对齐】，将第1行单元格的【垂直】设置为【底部】，在单元格中输入文本，然后为输入的文字应用 .a1 样式，完成后的效果如图 7-108 所示。

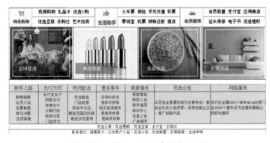

图7-108　输入文本并进行设置

37 至此，优选易购网就制作完成了。将场景保存后，按 F12 键进行预览。

7.2.1　插入按钮

按钮是网页中常见的表单对象，标准的表单按钮通常带有【提交】、【重置】或【发送】等标签，还可以分配其他已经在脚本中定义的处理任务。插入按钮的具体操作步骤如下。

01 运行 Dreamweaver CC 软件，打开"插入按钮素材 .html"文件，如图 7-109 所示。

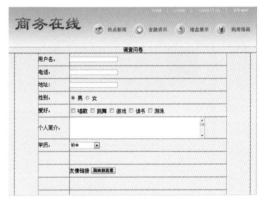

图7-109　打开素材文件

02 将光标插入到第10行第2列单元格中，在菜单栏中选择【插入】|【表单】|【"提交"按钮】命令，如图 7-110 所示。

图7-110　选择【"提交"按钮】命令

第7章 商业经济类网页设计——使用表单创建交互网页

03 执行该命令后，即可插入按钮，如图7-111所示。

图7-111 插入按钮

04 将光标插入到按钮右侧，在【属性】面板中将【水平】设置为【居中对齐】，如图7-112所示。

图7-112 设置按钮的对齐方式

05 在【提交】按钮右侧插入一个【重置】按钮，在菜单栏中选择【插入】|【表单】|【"重置"按钮】命令，如图7-113所示。

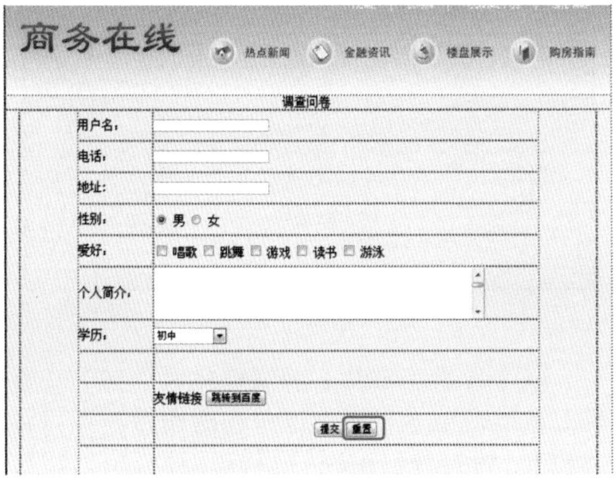

图7-113 插入并设置按钮

06 设置完成后。将文档保存，按F12键可以在网页中进行预览，如图7-114所示。

图7-114 预览文档效果

在【属性】面板中，可对Submit Button进行以下设置。

- Name：可设置一个按钮的名称。
- Class：可以将CSS规则应用于对象。
- Form Action：提交时执行动作（cgi、mailto、applet）。
- Value：指定在首次载入表单时文本域中显示的值。
- Title：元素的说明（显示为浏览器中的工具提示）。
- Form：规定输入字段所属的一个或多个表单。
- Form Enc Type：编码类型。
- Form Target：目标框架。
- Tab Index：指定元素的跳位顺序。
- Disabled：浏览器禁用元素。
- Auto Focus：元素在浏览器加载页面的时候获得焦点。
- Form No Validate：禁止表单验证。此选项覆盖表单级的"不验证"属性。

7.2.2 图像按钮

可以使用图像作为按钮图标。插入图像按钮的具体操作步骤如下。

01 运行 Dreamweaver CC 软件，打开"图像按钮素材.html"文件，如图 7-115 所示。

图7-115　打开的素材文件

02 将光标插入【重置】按钮右侧，在菜单栏中选择【插入】|【表单】|【图像按钮】命令，如图 7-116 所示。

图7-116　选择【图像按钮】命令

03 执行完该命令后，系统将自动弹出【选择图像源文件】对话框，选择相应的图像文件，如图 7-117 所示。

04 单击【确定】按钮，即可插入图像按钮，如图 7-118 所示。

图7-117　【选择图像源文件】对话框

图7-118　插入的图像按钮

05 单击图像按钮，打开【行为】面板，单击【添加行为】按钮，在弹出的下拉菜单中选择【转到 URL】命令，弹出【转到 URL】对话框，单击【浏览】按钮，弹出【选择文件】对话框，选择文件或在 URL 文本框中直接输入网址，如图 7-119 所示。

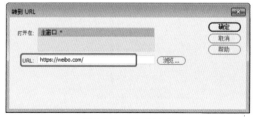

图7-119　设置URL

06 设置完成后，将文档保存。按 F12 键可以在网页中进行预览，单击图像按钮即可跳转网页，如图 7-120 所示。

第 7 章 商业经济类网页设计——使用表单创建交互网页

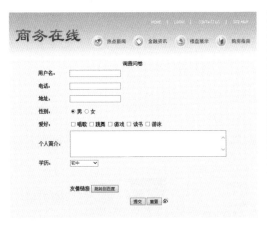

图 7-120 图预览文档效果

7.3 上机练习——制作美食网页

美食，顾名思义就是美味的食物，贵的有山珍海味，便宜的有街边小吃。其实不是所有人对美食的标准都是一样的，美食是不分贵贱的，只要是自己喜欢的，就可以称之为美食。美食还体现人类的文明与进步。本例将介绍如何制作美食网页，完成后的效果如图 7-121 所示。

图 7-121 美食网页

素材	素材\Cha07\"美食"文件夹
场景	场景\Cha07\上机练习——美食网页.html
视频	视频教学 \Cha07\7.3 上机练习——制作美食网页.mp4

01 启动 Dreamweaver CC 软件后，新建 HTML 文档，单击【属性】面板中的【页面属性】按钮，在弹出的对话框中选择【外观（HTML）】选项，将【左边距】、【上边距】、【边距高度】均设置为 0，如图 7-122 所示。

图 7-122 【页面属性】对话框

02 单击【确定】按钮，按 Ctrl+Alt+T 组合键，打开 Table 对话框，将【行数】、【列】均设置为 1，将【表格宽度】设置为 900 像素，其他均设置为 0，如图 7-123 所示。

图 7-123 Table 对话框

03 单击【确定】按钮，选择插入的表格，将 Align 设置为【居中对齐】。在表格中输入文本，然后选择除【电脑版】以外的其他文本，将【大小】设置为 13px，将字体颜色设置为 #666666；选择【电脑版】文本，将【大小】设置为 15px，将字体颜色设置为 #FF9900，按 Ctrl+B 组合键为文本进行加粗，如图 7-124 所示。

257

图7-124 设置文本属性

04 将光标插入到表格的右侧，按Ctrl+Alt+T组合键，在弹出的Table对话框中将【行数】设置为1，将【列】设置为9，将【表格宽度】设置为900像素，其他保持默认设置，如图7-125所示。

图7-125 Table对话框

05 选择插入的表格，将Align设置为【居中对齐】，将光标插入到第1列单元格中，在菜单栏中选择【插入】|HTML|【鼠标经过图像】命令，弹出【插入鼠标经过图像】对话框，单击【原始图像：】文本框右侧的【浏览】按钮，如图7-126所示。

图7-126 【插入鼠标经过图像】对话框

06 弹出【原始图像】对话框，选择"素材1.jpg"素材文件，如图7-127所示。

图7-127 【原始图像】对话框

07 单击【确定】按钮，返回到【插入鼠标经过图像】对话框，单击【鼠标经过图像】文本框右侧的【浏览】按钮，在弹出的对话框中选择"素材2.jpg"素材文件，单击【确定】按钮，返回到【插入鼠标经过图像】对话框，如图7-128所示。

图7-128 【插入鼠标经过图像】对话框

08 使用同样的方法插入其他鼠标经过图像，完成后的效果如图7-129所示。

图7-219 插入鼠标经过图像

09 将光标插入到表格的右侧，按Ctrl+Alt+T组合键，打开Table对话框，将【行数】设置为2，将【列】设置为3，将【表格宽度】设置为900像素,其他保持默认设置,如图 7-130 所示。

图 7-130　Table 对话框

⑩ 选择插入的表格,将 Align 设置为【居中对齐】。将第 1 行单元格合并,将【高】设置为 10。选择合并后的表格,单击【拆分】按钮,切换视图,将选中命令中的   进行删除,如图 7-131 所示。

图 7-131　删除命令后的效果

⑪ 将第 2 行单元格的【宽】均设置为 300。将光标插入到第 2 行第 1 列单元格内,按 Ctrl+Alt+T 组合键,打开 Table 对话框,将【行数】设置为 11,将【列】设置为 1,将【表格宽度】设置为 300 像素,其他保持默认设置,如图 7-132 所示。

图 7-132　Table 对话框

⑫ 将第 1 行的【高】设置为 30,将第 2、3 行单元格的【高】分别设置为 25、75。选择第 1 行单元格,单击【拆分】按钮,弹出【拆分单元格】对话框,选择【列】按钮,将【列数】设置为 2,单击【确定】按钮即可拆分单元格,如图 7-133 所示。使用同样的方法,拆分第 2 行和第 3 行单元格。

图 7-133　【拆分单元格】对话框

> **提　示**
> 在菜单栏中选择【编辑】|【表格】|【拆分单元格】命令,也可以弹出【拆分单元格】对话框。

⑬ 将第 1 列单元格的【宽】设置为 100,然后在第 1 行单元格中输入文本,将【健康新闻】、【大小】设置为 17px,按 Ctrl+B 组合键进行加粗,将【水平】设置为【居中对齐】,选择剩余的文本,将【大小】设置为 12px,将字体颜色设置为 #666666,完成后的效果如图 7-134 所示。

图 7-134　输入文本后的效果

⑭ 将第 1 列中第 2 行、第 3 行单元格进行合并,按 Ctrl+Alt+I 组合键,打开【选择图像源文件】对话框,选择"素材 19.jpg"素材文件,如图 7-135 所示。

⑮ 单击【确定】按钮,在【属性】面板中将【水平】设置为【居中对齐】,完成后的效果如图 7-136 所示。

⑯ 在图片右侧单元格中输入文本,选择【免疫力下降吃什么好?】文本,按 Ctrl+B 组合

键进行加粗，将字体颜色设置为 #ff3300。将剩余文本的【大小】设置为 13，将字体颜色设置为 #666666，将【字体】设置为【微软雅黑】，完成后的效果如图 7-137 所示。

图7-135 【选择图形源文件】对话框

图7-136 设置水平后的效果

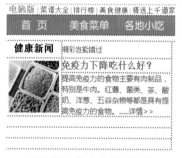

图7-137 输入文本并设置

17 将第 4 行单元格的【高】设置为 25，然后使用同样的方法为剩余的单元格插入图片和输入文本，并对输入的文本进行设置，完成后的效果如图 7-138 所示。

18 使用同样的方法在单元格中输入文本和插入图片，完成后的效果如图 7-139 所示。

图7-138 设置其他图片和文本

图7-139 设置完成后的效果

19 将光标插入到表格的右侧，按 Ctrl+Alt+T 组合键，打开 Table 对话框，将【行数】、【列】均设置为 2，将【表格宽度】设置为 900 像素，其他保持默认设置，如图 7-140 所示。

图7-140 Table对话框

20 单击【确定】按钮，确定插入的表格处于选择状态，在【属性】面板中将 Align 设置为【居中对齐】。将第 1 行单元格进行合并，使用前面介绍的方法将【高】设置为 10。将光标插入到第 2 行第 1 列单元格内，将【宽】设置为 600 像素。按 Ctrl+Alt+T 组合键，打开 Table 对话框，将【行数】、【列】均设置为 8，将【表格宽度】设置为 600 像素，其他保持默认设置，如图 7-141 所示。

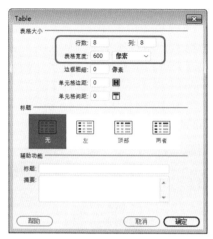

图 7-141　Table 对话框

21 将第 2、4、6、8 列单元格的【宽】设置为 120，将第 1 列单元格【宽】设置为 15，将剩余单元格的【宽】设置为 35。然后将光标插入到第 2 列第 3 行单元格中，按 Ctrl+Alt+I 组合键，在打开的【选择图像源文件】对话框中选择"上海生煎包.jpg"素材文件，如图 7-142 所示。

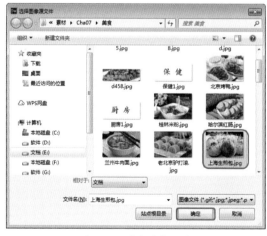

图 7-142　选择素材文件

22 单击【确定】按钮，即可插入图片。然后在第 2 列第 4 行单元格中输入文本，将【大小】设置为 13，将【水平】设置为【居中对齐】，完成后的效果如图 7-143 所示。

23 将除插入图片单元格外其他单元格的行【高】均设置为 20。使用同样的方法插入其他图片和输入文本，完成后的效果如图 7-144 所示。

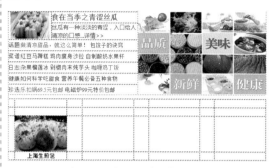

图 7-143　插入图片和输入文本

图 7-144　使用同样的方法插入其他图片

24 将第 1 行第 1～3 列单元格进行合并，将 4～8 单元格进行合并，然后在单元格内输入文本并设置属性，完成后的效果如图 7-145 所示。

图 7-145　在单元格内输入文本

25 将光标插入到大表格的第 2 列单元格内，按 Ctrl+Alt+T 组合键，打开 Table 对话框，将【行数】设置为 11，将【列】设置为 1，将【表格宽度】设置为 300 像素，将【单元格间距】设置为 2，其他均设置为 0，如图 7-146 所示。

261

图 7-146　Table 对话框

【属性】面板中将 Align 设置为【居中对齐】，将第 1 行的行【高】设置为 10。切换至【拆分】视图中，将   代码删除，将光标插入到该单元格中，选择【插入】|HTML|【水平线】命令，然后在第 2 行单元格中输入文本，将【大小】设置为 13，将字体颜色设置为 #666666，将【水平】设置为【居中对齐】，完成后单击【实时视图】按钮，观看效果，如图 7-148 所示。

26　单击【确定】按钮，即可插入表格。选中插入的单元格，将【背景颜色】设置为 #F46F2E，将【水平】设置为【居中对齐】，将第 1 行单元格的【高】设置为 40，将其余单元格的【高】设置为 30，然后在单元格中输入文本，并对文本进行相应的设置，完成后单击【实时视图】按钮观看效果，如图 7-147 所示。

图 7-148　观看效果

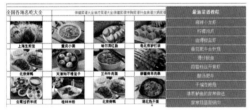

图 7-147　设置单元格并输入文本

27　将光标插入到表格的右侧，按 Ctrl+Alt+T 组合键，打开 Table 对话框，将【行数】设置为 2，将【列】设置为 1，将【表格宽度】设置为 900 像素，单击【确定】按钮。在

28　至此，美食网页就制作完成了。将文件保存后，按 F12 键进行预览。

7.4　思考与练习

1. 简述添加表单域的一般操作步骤。
2. 简述添加复选框的一般操作步骤。
3. 简述添加单选按钮的一般操作步骤。

附录1　Dreamweaver CC 常用快捷键

文件菜单

新建文档 Ctrl+N	打开一个 HTML文件 Ctrl+O	关闭 Ctrl+W
保存 Ctrl+S	另存为 Ctrl+Shift+S	退出 Ctrl+Q
打印代码 Ctrl+P	实时预览 F12	

编辑菜单

撤销 Ctrl+Z	重做 Ctrl+Y	剪切 Ctrl+X
复制 Ctrl+C	粘贴 Ctrl+V	选择性粘贴 Ctrl+Shift+V
全选 Ctrl+A	选择父标签 Ctrl+[	选择子标签 Ctrl+]
转到行 Ctrl+G	显示代码提示 Ctrl+H	折叠所选 Ctrl+Shift+C
折叠外部所选 Ctrl+Alt+C	扩展所选 Ctrl+Shift+E	折叠完整标签 Ctrl+Shift+J
折叠外部完整标签 Ctrl+Alt+J	扩展全部 Ctrl+Alt+E	快速标签编辑器 Ctrl+T
移除链接 Ctrl+Shift+L	合并单元格 Ctrl+Alt+M	拆分单元格 Ctrl+Alt+Shift+T
插入行 Ctrl+M	插入列 Ctrl+Shift+A	删除行 Ctrl+Shift+M
删除列 Ctrl+Shift+-	增加列宽 Ctrl+Shift+]	减少列宽 Ctrl+Shift+[
缩进代码 Ctrl+Shift+>	凸出代码 Ctrl+Shift+<	平衡大括弧 Ctrl+'
缩进 Ctrl+Alt+]	凸出 Ctrl+Alt+[	粗体 Ctrl+B
倾斜 Ctrl+I	段落 Ctrl+Shift+P	首选项 Ctrl+U

查看菜单

切换视图模式 Ctrl+Shift+F11	检查 Alt+Shift+F11	增加字体大小 Ctrl+=
减小字体大小 Ctrl+-	恢复字体大小 Ctrl+0	刷新设计视图 F5
隐藏所有 Ctrl+Shift+I	显示辅助线 Ctrl+;	锁定辅助线 Ctrl+Alt+;
靠齐辅助线 Ctrl+Shift+;	辅助线靠齐元素 Ctrl+Shift+G	显示网格 Ctrl+Alt+G
靠齐到网格 Ctrl+Alt+Shift+G	显示标尺 Alt+F11	

插入菜单

插入图片 Ctrl+Alt+I	插入表格 Ctrl+Alt+T	视频 Ctrl+Alt+Shift+V
动画合成 Ctrl+Alt+Shift+E	插入SWF文件 Ctrl+Alt+R	不换行空格 Ctrl+Shift+Space
显示可编辑区域 Ctrl+Alt+V		

续表

工具菜单		
编译 F9	打开代码浏览器 Ctrl+Alt+N	拼写检查 Shift+F7
查找菜单		
在当前文档中查找 Ctrl+F	在文件中查找和替换 Ctrl+Shift+F	在当前文档中替换 Ctrl+H
查找下一个 F3	查找上一个 Shift+F3	查找全部并选择 Ctrl+Shift+F3
将下一个匹配项添加到选区 Ctrl+R	跳过并将下一个匹配项添加到选区 Ctrl+Alt+R	
站点菜单		
获取 Ctrl+Alt+D	取出 Ctrl+Alt+Shift+D	上传 Ctrl+Shift+U
存回 Ctrl+Alt+Shift+U	检查站点范围的链接 Ctrl+F8	
窗口菜单		
隐藏面板 F4	行为 Shift+F4	代码检查器 F10
打开CSS设计器 Shift+F4	面板 Ctrl+F7	文件 F8
插入 Ctrl+F2	属性 Ctrl+F3	输出 Shift+F6
搜索 F7	代码片段 Shift+F9	

附录2 参考答案

第1章

1. 在菜单栏中选择【文件】|【新建】命令或者按 Ctrl+N 组合键,在弹出的【新建文档】对话框中设置文档类型,单击【创建】按钮,即可新建网页文档。

2. 将光标放置在要插入水平线的位置,打开常用【插入】面板,在其中单击【水平线】按钮。插入水平线后,选中水平线,在【属性】面板中设置水平线的属性。

第2章

1. 在菜单栏中选择【插入】|Table 命令,在弹出的 Table 对话框中可对其进行设置。

2. 将光标放置在单元格中,在菜单栏中选择【编辑】|【表格】|【插入行或列】命令,即可在插入点上方或左侧插入行或列。

3. 将光标放置在需要拆分的单元格中,单击鼠标右键,在弹出的快捷菜单中选择【表格】|【拆分单元格】命令。

第3章

1. 在网页中常用的格式为 GIF、JPEG 和 PNG。

2. 鼠标经过图像效果是由两张图片组成,在浏览器浏览网页时,当光标移至原始图像时会显示鼠标经过的图像,当光标离开后又恢复为原始图像。

第4章

1. 在文档窗口中,选择要加入链接的文本或图像,单击鼠标右键,在弹出的快捷菜单中选择【创建链接】命令,在弹出的【选择文件】对话框中浏览并选择一个图像,单击【确定】按钮即可。

2. 选择文档窗口中需要链接的文本或图像,在【属性】面板中单击【链接】文本框右侧的【浏览文件】按钮,在弹出的【选择文件】对话框中选择一个文件,设置完成后单击【确定】按钮,在【链接】文本框中便可以显示出被链接文件的路径。

3. 在文档窗口中输入【好看的图片】文本,并将其选中,在【属性】面板中单击【链接】文本框右侧的【指向文件】按钮,并将其拖曳至需要链接的文档中,释放鼠标左键,即可将文件链接到指定的目标中。

第5章

1. 选中需要使用 CSS 规则样式的内容,右击,选择【CSS 样式】|【附加样式表】命令,系统将自动弹出【使用现有的 CSS 文件】对话框。在该对话框中单击【浏览】按钮,在弹出的【选择样式表文件】对话框中选择需要链接的样式,单击【确定】按钮。返回到【使用现有的 CSS 文件】对话框,单击【确定】按钮,外部样式表链接完成。在【CSS 设计器】面板中可以进行查看。

2. 在【CSS 设计器】面板中,右键单击需要复制的样式,在弹出的快捷菜单中选择【直接复制】命令。在【CSS 设计器】|【选择器】面板中,更改复制的 CSS 样式名称,CSS 样式复制完成。返回【CSS 设计器】面板可以查看结果。

第6章

1. 在网页文档中选择文本,打开【行为】面板,单击【添加行为】按钮+,在弹出的下拉列表中选择【弹出信息】命令。打开【弹出信息】对话框,在此对话框中输入要显示的信息内容,如【请稍候…】,输入完成后,单击【确定】按钮,即可在【行为】面板中显示添加的行为。

2. 在文本框中选择文本域,在【行为】面板中单击【添加行为】按钮+,在弹出的【设置文本域文字】对话框中进行设置，设置完成后，单击【确定】按钮，即可将【设置文本域文字】行为添加到行为面板中。

第7章

1. 将光标插入到单元格中，在菜单栏中选择【插入】|【表单】|【表单】命令，选择该命令后，在文档窗口会出现一条红色的虚线，即可插入表单。

2. 将光标插入到单元格中，在菜单栏中选择【插入】|【表单】|【复选框】命令，即可插入复选框。

3. 将光标插入到单元格中，在菜单栏中选择【插入】|【表单】|【单选按钮】命令，即可插入单选按钮。